U0173779

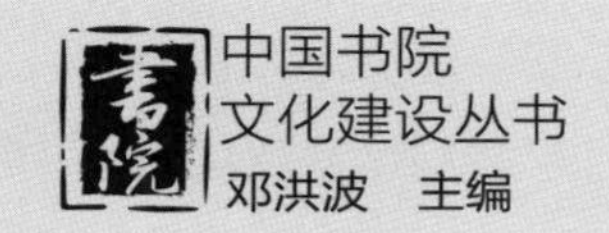

中国书院
文化建设丛书
邓洪波　主编

礼乐相成
书院建筑述略

柳肃　柳思勉　著

图书在版编目（CIP）数据

礼乐相成：书院建筑述略 / 柳肃，柳思勉著. —
深圳：海天出版社，2021.3
（中国书院文化建设丛书 / 邓洪波主编）
ISBN 978-7-5507-3062-5

Ⅰ. ①礼… Ⅱ. ①柳… ②柳… Ⅲ. ①书院－建筑艺
术－研究－中国 Ⅳ. ①TU-092.2

中国版本图书馆CIP数据核字(2020)第227424号

礼乐相成：书院建筑述略
LIYUEXIANGCHENG：SHUYUAN JIANZHU SHULUE

出 品 人　聂雄前
项目负责人　孙　艳
责 任 编 辑　孙　艳
责 任 技 编　梁立新
责 任 校 对　万妮霞
封 面 设 计　蒙丹广告

出 版 发 行　海天出版社
地　　址　深圳市彩田南路海天综合大厦（518033）
网　　址　www.htph.com.cn
订 购 电 话　0755-83460239（邮购、团购）
设 计 制 作　深圳市龙墨文化传播有限公司（电话：0755-83461000）
印　　刷　深圳市希望印务有限公司
开　　本　787mm×1092mm　1/16
印　　张　14.5
字　　数　200千
版　　次　2021年3月第1版
印　　次　2021年3月第1次
定　　价　72.00元

目录

第六章

书院藏书类建筑

第七章

书院住宿类建筑

第八章

书院建筑选址与书院环境经营

第九章
书院建筑实例

第一章 绪论

中国古代历来重视文化教育，这是中华文化得以在数千年的历史变迁中得以延续发展和代代承传的主要原因。学校类型和教学方式虽然各时代不同，但是重视教育这一点任何朝代都是一致的。从商周时代有文字记载开始，中国就有各种各样的学校。有国家办的和地方政府办的学校，也有民间自己办的学校。春秋战国时代，诸子百家，众多的学说流派，精妙的玄思哲理，直至今天都影响深远。各方学者争相办学，广收门徒，传播各种知识文化，讲授自己的思想学说。有的带着学生四处游历，游说各地诸侯接受采纳自己的思想，实现自己的治国理想和人生抱负。孔子就是典型的代表。春秋战国时代是中国思想文化史上的一个高峰，也是中国教育史上的一个高峰。

秦汉的统一，虽然在国家制度和思想上的专制强化，对文化的多元发展造成了影响，但是在古籍整理和经学研究上的发展，为后来文化教育的发展奠定了基础。尤其是汉代以后，国家更加重视文化教育。魏晋南北朝虽然是一个社会动荡、战乱频繁的时代，但是仍然有一大批文人知识分子隐迹山林，潜心研学，在那个动荡的年代里传承着文明的火种，延续着思想和文化的传播。

随着隋唐再度大统一时代的到来，文化教育进入到中国历史上的又一个高峰。由于思想文化的延续和发展，在这个强盛的时代，文化教育结出了两枝鲜艳而奇特的花朵——科举制和书院。科举制产生于隋代，这是世界历史上的一个杰出的创举，应该说是这时期中国文教事业领先于世界的象征性成果。以考试的方法选拔官吏，一方面体现了一种相对的公平，使那些出身贫寒的人也有可能通过学习和考试走入仕途；另一方面通过考试选出真正有才能的人来治理国家，比过去的任何一种选拔方式都要先进优越，被事实证明至今仍然是一种合理的制度。从世界文化发展的历史来看，中国的科举制比英国的文官制度早了一千多年，英国的文官制度就是参照学习了中国古代的科举制建立起来的，而我们今天的公务员考试制度则又是参照了英国的文官制度建立起来的。可见，创立于隋朝的科举制是世界历史上的一个创举，这是中国古代文化教育发达的典型例证。唐代书院的出现，在中国教育史上更是具有划时代的意义。它不仅打破了官方对文化教育的垄断，培养出大量的民间学者，使文化得到大面积的普及，而且书院教育方式的灵活性也为后来文化的发展做出了巨大的贡献。如果说科举制以及与之相关的官办学校，培养的是管理国家的官吏，那么为数众多的民办的书院，则培养出来无数学者、智者，推动了中华思想文化的传承和发展。书院的出现，是中国文化教育史上的一大创举，影响后来的宋、元、明、清各朝各代，甚至延续到今天，还影响到了朝鲜、日本、越南等我国周边国家。

书院的出现也是中国文化发展的结果。中国古代文人知识分子的一个重要特点就是静心读书，努力提高自身的文化修养，他们往往选择一个优美而又安静的环境结庐居住，静心读书。因此，有的书院就出现在这个文人结庐读书的地方。例如著名的岳麓书院，东晋时代就有陶侃在此建“杉庵”读书，唐代有僧人在此建“道林精舍”，后来又有很多文人学者例如杜甫、沈传师、裴休、刘长卿等在此结庐读书，宋代在此基础上建成了岳麓书院。又如江西庐山的白鹿洞书院，唐代李渤兄弟二人隐居在此读书，后来在这里建成了白鹿洞书院。

第一节　中国书院发展小史

书院的正式出现是在唐代。清代袁枚在《随园笔记》中说："书院之名，起唐玄宗时丽正书院、集贤书院，皆建于朝省，为修书之地，非士子肄业之所也。"据记载丽正书院在唐朝东都洛阳，开办于唐玄宗开元五年（717），是中国最早的官办书院，主要是修书的，并不是教学场所。开元十三年（725），丽正书院改名"集贤殿书院"，简称"集贤书院"。一方面，袁枚《随园笔记》中说"丽正书院、集贤书院，皆建于朝省"，将"丽正"和"集贤"两者并列似乎有误。另一方面，这一记载只是说官办的书院。据一些地方志记载，有些地方开办的民间书院比这更早，例如今湖南攸县的光石山书院、陕西蓝田的瀛洲书院等。据湖南大学岳麓书院邓洪波教授考证，湖南攸县的光石山书院是目前所能考证到的、有记载的中国最早的书院。

唐代开始出现的书院有两类：一类就是前面所述文人修建的读书场所，叫作"斋舍"或者"书堂"；还有一类是皇家修建的藏书馆，这就是唐代开始出现的皇家书院，这一类"书院"往往修建在皇帝的行宫中，这类皇家书院到宋代仍然延续。《宋史》中就有记载，绍兴五年修建康行宫，于行宫内"新作书院为资善堂"；《玉海》一书中也记载有"于行宫内造书院一区"。这种行宫中所建造的书院，实际上就类似于唐代的皇家书院，即皇家图书馆。当然这种所谓皇家书院和我们常说的民间的书院是两种不同的类型，这里暂且不表。后来发展起来并一直延续到今天的书院，主要都是由文人读书处发展起来的。最初其规模都很小，即所谓“精舍”，实际上就是几间读书、藏书的房舍而已。

宋代虽然政治上并不强盛，但它是中国历史上经济和文化最繁荣发达的时代，也是教育最发达的时代，读书之风大盛。文人学者们收徒讲学，书院大发展起来，同时也造就了一大批思想家、哲学家、文学家、艺术家，影响了整个中国文化的发展进程。

宋代是中国历史上书院发展的兴盛期，表现在两个方面，一是书院数量大增，二是书院的规模扩大。宋代书院数量的增加，主要是在南方。安史之乱以后，中国再一次进入到分裂战乱的时代。唐代后期到五代十国，再到宋朝，中国北方和中原地区战乱频繁，社会动荡。北方少数民族进入中原，争夺地盘，战争和灾荒频发，导致北方和中原地区的汉族人大量南迁，整个国家政治、经济、文化中心向南迁移。过去蛮荒之地的南方，这时候经济文化各方面都发展起来，成为经济文化发展的中心。经济上，南方地区特别是洞庭湖周边地区，农业经济非常发达，有“湖广熟，天下足”的美称（古代的“湖广”指今天的湖南湖北）。文化上，宗教文化的中心也迁移到南方。湖南衡山的南岳成为了宗教文化中心。中国古代有五岳文化，即东岳泰山、西岳华山、南岳衡山、北岳恒山、中岳嵩山。这五岳不仅仅是宗教和祭祀文化的象征，同时还是国家政治统一的象征，拥有五岳就象征着天下统一。到了南宋的时候，金兵南下，北方全被其他民族所占领。五岳丢掉了四岳，只剩下了南岳。于是整个宗教文化的中心就集中到了南岳。今天湖南衡山脚下的南岳庙的格局是：中轴线圣帝庙的东边有八座道观，西边有八座佛寺，“八寺八观”“众星拱月”围绕着中央的圣帝庙。在文教方面，南方的书院大发展，湖南、江西、浙江成为南方地区书院数量最多的省份。宋代四大书院（湖南长沙岳麓书院、江西庐山白鹿洞书院、河南登封嵩阳书院、湖南衡阳石鼓书院）有三座在湖南和江西。到宋代，书院的建筑规模也在扩大，由过去文人精舍、书斋简单的教学和藏书功能，逐渐发展成教学、藏书、祭祀、住宿几大功能同时并存的建筑组群。

元朝蒙古族入主中原，经过了一场大战乱，宋朝以来发达的文化教育当然是受到了较大的破坏。元朝是蒙古族建立的政权，元朝统治者为了稳定政权，必然要笼络汉族知识分子。因此在政权稳定下来以后，元朝开始鼓励文化教育的发展，鼓励创办书院。同时蒙古族上层统治者和知识分子也看到了自己在文化上的落后，开始努力学习，奋起直追。这也在客观上促使了文化教育的发展。所以元朝虽然是少数民族统治的朝代，但是在书院建设上还是有较大的发展。元代书院的发展还有一个原因，就是理学向北方的发展。宋代思想文化和教育的中心都在南方，儒学发展的一个高峰——理学也创始于南方。元代统治者和知识分子们都希望把理学往北方推广普及，这也是促使书院在全国各地发展的原因之一。

明代是中国书院发展的又一个高峰，书院总体数量超过了以前各朝代。整个明代书院发展分为不同的三个阶段。明代前期 100 余年的时间，由于统治者政治上的强力统治，全力推行官学，遏制民间文化教育，民办书院逐渐衰落。经过元末明初的战乱之后，明朝统治者很快恢复了科举考试，选拔官吏。但是制度规定凡参加科举考试的考生，必须进入各级官办学校学习，才能取得考试的资格。官办学校的组织系统也非常严格，基层的社学遍布全国各地。读书人为了取得功名利禄，也纷纷进入官办学校，由此民办的书院逐渐衰落。到了明朝中期，由于过分地强调科举考试，科举制及其八股文教育方式的弊端逐渐显现，整个社会学风败坏，学问衰落，甚至为了考试而不择手段，道德败坏。有识之士看到了这种社会状况，提倡新的教育，主张培养人格，挽回教育的颓势。例如王阳明提倡的新理论——心学，就是这种新型教育的典型。但是这些新思想新理论都不能进入正式的官办学校，只能在民办的书院中传授，这也是明代中期民办书院再度兴起、进一步发展的一个重要原因。新思想新理论的兴起，文人知识分子对于现实的批判，又与官方思想发生冲突，导致朝廷三度禁毁书院。明朝嘉靖年间、万历年间、天启年间三次颁布禁令，禁毁书院。加之明朝后期的战乱，曾经盛极一时的书院，到明末完全走向衰落。

清朝是中国书院发展的最后一个阶段，也是最后一个高潮。清代书院的发展呈现出几个不同的阶段。最初清朝统治者是阻止书院发展的，甚至公开禁止新建书院。清初统治者知道汉族的文化远远比满族发达，下令满族和蒙古族大臣学习汉文，皇帝亲自带头。但是在文化教育方面，他们认为只能让服务于科举制的官方文化发展，不能让那些民间书院发展。因为民间书院往往培养出有独立思维的知识分子，不利于清朝的统治，所以他们强力发展官办的地方学宫，禁止民间发展书院。这种禁令在顺治皇帝时强力推行，但是到了康熙皇帝时就开始松动。康熙皇帝有时还亲自为一些重要的书院题写匾额，说明这种禁令实际上已经放开。雍正和乾隆年间各地书院开始大发展，形成一个高峰。

清朝书院发展还有一个特征就是官方权力的介入。书院本来是民办的，但是到了清朝，书院由官方派遣官吏来管理，或者直接由官方来建立。书院变成了官办的教学场所，这是清朝书院的一个特征。清朝中期，嘉庆、道光和咸丰年间，由于政治上的不稳定和经济上的逐渐衰落，书院发展也相对低落。再到后期，同治和光绪年间，有一个“同光中兴”的社会局面，书院建设又进入一个高峰。这是中国传统书院发展的最后一个高峰，同期也开始了书院的变革和改制。这时候西方文化包括自然科学大量传入中国。中国知识分子觉醒，主动学习西方文化，救亡图存。很多书院改革了教学的内容，引入西方人文社会科学和自然科学的内容。1900 年代初至辛亥革命前，很多地方的书院因为引进新学（西方文化和自然科学）而改制为近代学堂。有的再进一步由学堂改为现代的学校，包括各类中等或高等院校。著名的湖南长沙岳麓书院，1903 年改为高等工业学校，1926 年再改为湖南大学，是最典型的实例。

清晚期朝廷迫于现实的压力，不得不施行一系列的改革，包括教育制度的改革。1903 年命张百熙、荣禄、张之洞等人拟定学堂章程，1904 年 1 月正式颁布《奏定学堂章程》(俗称“癸卯学制”)，并向全国推行。其内容是改革古代一直延续的官学和私学教育体制，建立新式的学校或学堂。这是中国第一个比较完备的学校教育制度，也是历史上第一个由朝廷颁布并向全国推广的学校教育体系。它可以被看作是中国古代延续数千年的教育体系的结束，新的教育体系的开始。书院也从此结束了它延续千年的发展历史。

第二节　中国传统书院建筑的分布及现存状况

前面简单介绍了书院的发展过程，从中国历史朝代的发展来看，唐代中期以后，北方中原地区基本上进入战乱的年代。随着人口的大量南迁，国家经济、文化中心也向南移。所以唐代书院数量比较多的省份，除了唐朝的政治中心——陕西以外，其他的都在南方，如湖南、江西、福建、浙江。到五代十国战乱的时候，南方也只剩下江西的书院比较多，其他的省也都少了，说明这时期的书院数量锐减。到了宋代——这个经济文化发展高峰的朝代，书院数量又是以南方的江西、浙江、湖南、福建几个省为多。元代由于战乱，南方也遭到了比较大的破坏，湖南、福建的书院大量减少，只剩下了江西和浙江还有比较多的书院。到明代，书院发展又进入一个高潮，全国各地书院数量大增。除了南方的江西、浙江、湖南、福建、广东这些省份以外，北方地区的河南、河北、山东、山西等省都有大量的书院出现。清代书院数

量在明代的基础上继续增加，除了原来就比较多的那些南方和北方的省份以外，清代书院分布的最大特点是向比较偏远的西南地区和少数民族地区发展。像四川省由明代的60多所，到清代突然增加到383所；云南也由明代的60多所增加到229所；广西、贵州等少数民族多的西南省份也都分别有100多所书院。

据邓洪波教授等人调查研究，中国历代新创建书院数量总计达到7525所以上。截至2011年底搜集到书院2021所，其中1347所已经没有任何活动，674所仍然还有各种活动。根据文物部门的统计，被列为文物保护单位的书院共有376处。其中国家级文物保护单位25处，省级文物保护单位76处，市县级文物保护单位275处。在较新的第六批、第七批全国重点文物保护单位名单中，又增加了24处书院。在现存传统书院建筑中，国家级重点文物保护单位已经有49处之多。①

表1 被列为全国重点文物保护单位的传统书院名单②

书院名	所属地区	文物批次	公布时间
秋收起义文家市会师旧址（文华书院）	湖南	第一批	1961
井冈山革命遗址（龙江书院）	江西	第一批	1961
晋祠（晋溪书院）	山西	第一批	1961
岳麓书院	湖南	第三批	1988
白鹿洞书院	江西	第三批	1988
茅盾故居（分水书院、立志书院）	浙江	第三批	1988
陈家祠（陈氏书院）	广东	第三批	1988

① 邓洪波、郑明星、娄周阳：《中国古代书院保护与利用现状调查》，《中国文化遗产》2014年第4期。

② 同上。

（续表）

书院名	所属地区	文物批次	公布时间
平江起义旧址（天岳书院）	湖南	第三批	1988
花戏楼（朱公书院）	安徽	第三批	1988
青龙洞古建筑群（紫阳书院）	贵州	第三批	1988
圆明园遗址（碧桐书院、汇芳书院）	北京	第三批	1988
东坡书院	海南	第四批	1996
右江工农民主政府纪念馆（经正书院）	广西	第四批	1996
府州城（荣河书院）	陕西	第四批	1996
桃渚城（鹤峤书院）	浙江	第五批	2001
郑义门古建筑群（东明书院）	浙江	第五批	2001
关西新围、燕翼围（梅花书院）	江西	第五批	2001
古莲池（莲池书院）	河北	第五批	2001
斯氏古民居建筑群（笔锋书院）	浙江	第五批	2001
流坑村古建筑群（江都书院）	江西	第五批	2001
俞源村古建筑群（六峰书馆）	安徽	第五批	2001
宏村古建筑群（南湖书院）	安徽	第五批	2001
之江大学旧址（育英书院）	浙江	第五批	2001
鹅湖书院	江西	第六批	2006
东林书院	江苏	第六批	2006
尼山孔庙和书院	山东	第六批	2006
竹山书院	安徽	第六批	2006
东山书院旧址	湖南	第六批	2006
湖南省立第一师范学校旧址（城南书院）	湖南	第六批	2006
阳明洞　阳明祠（龙岗书院）	贵州	第六批	2006

（续表）

书院名	所属地区	文物批次	公布时间
王家大院（桂馨书院）	山西	第六批	2006
芙蓉村古建筑群（芙蓉书院）	浙江	第六批	2006
芝堰建筑群（仁山书院）	浙江	第六批	2006
宏道书院	陕西	第七批	2013
渌江书院	湖南	第七批	2013
同文书院	江西	第七批	2013
安徽大学红楼敬敷书院旧址	安徽	第七批	2013
恭城书院	湖南	第七批	2013
白鹭洲书院	江西	第七批	2013
银冈书院	辽宁	第七批	2013
冠山书院	山西	第七批	2013
东吴大学旧址（存养书院、中西书院）	江苏	第七批	2013
通州近代学校建筑群（潞河书院）	北京	第七批	2013
山西大学堂旧址（晋阳书院）	山西	第七批	2013
濂溪故里古建筑群（濂溪书院）	湖南	第七批	2013
石屏文庙古建筑群（玉屏书院）	云南	第七批	2013
楠溪江宗祠建筑群（戴蒙书院）	浙江	第七批	2013

第二章 中国古代的教育体制与教育建筑

第一节　中国古代的教育体制和教育方式

教育建筑与教学体制密切相关。中国古代的教育体制和学校有两大类：一类是官学，一类是私学。顾名思义，所谓官学就是官办的，政府办的。所谓私学就是民间办的，私人办的。官办的学校当然比较正规。民办的学校又分为两类，一类是民办官助，一类是完全的私人办学。

官办的学校在各个时代有不同的名称和不同的形式。据史书记载，最早在商代就有了正规的学校，官办的学校有四种名称——“序”“庠”“学”“瞽宗”。这四种学校实际上分为两类，“序”和“庠”是学习武术和体育的地方，练习骑马射箭等各种军事技能。考古出土的商朝甲骨文中就有关于在“庠”里进行射箭练习的记载。而“学”（又叫“西学”“右学”）和“瞽宗”则是学习礼乐、祭祀（包括伦理道德）的地方。所以这两类学校概括起来就是一文一武。《左传》中说“国之大事，在祀与戎”（《左传·成公十三年》），国家最重要的两件大事，一是宗庙祭祀，一是军事征伐。宗庙祭祀为什么这么重要呢？在中国古代，宗庙祭祀就包含着对后代进行伦理道德教育的内容。

说到中国古代的教育体制，必须要重点讲述一个重要的朝代——周朝。周朝以礼治国，各方面都形成了完备的国家制度。中国历史上最完备的教育制度的正式成型也是在周朝。周朝的官学分为国学和乡学两种。

国学设在周天子所在的王城和各诸侯国的国都城。国学又分为小学和大学两级，小学设在都城的王宫中（培养贵族子弟），大学设在都城的南郊，因为南郊一般是礼制建筑所在的地方。中国古代礼仪祭祀的场所一般都在都城的郊外，尤其是南郊最重要，因为南边为阳，北边为阴，往往最重要的祭祀建筑都在南郊。例如考古发现的汉代长安南郊的礼制建筑群，根据考古发掘的建筑平面构造来看，这就是一个古代最重要的礼制建筑——“明堂辟雍”所在；又如北京南郊的天坛，是明清两代最重要的皇家祭祀场所。周代把国家最重要的学校——国学中的大学设在南郊，就是因为教育和礼制有着很密切的关系，礼仪教化是教育的最重要的内容。大学设在南郊，甚至直接和礼制建筑合为一体。后来的“辟雍”就是国家的最高学府——皇帝讲学的场所。今天还保存下来的北京国子监，就是一个辟雍。

周朝的乡学有“庠”“序”“校”“塾”等几种。《礼记・王制》中说“小学在公宫南之左”，靠近皇宫，主要是为贵族子弟上学方便。另外在都城的西郊也设有乡学——“虞庠”。《礼记・王制》说“虞庠在国之西郊”，所谓“国”是指诸侯国的都城。《文献通考・学校考》中注解：“虞庠在国之西郊，小学也。”这个在西郊的小学，不同于在“宫南之左”的小学，可能是一般贵族的子弟学校。《春秋公羊传》宣公十五年注：“父老教于校室……其有秀者移于乡学，乡学之秀者移于庠，庠之秀者移于国学，学于小学。”可见进入国学的小学，都要依靠层层选拔。

中国古代的教育，从周朝开始形成比较完备的体制，讲究的是人的全面的培养，形成了“六艺”教育的完整体系。所谓“六艺”即礼、乐、射、御、书、数。

“礼”是一个很广泛的概念，包括社会政治、伦理道德和人们日常生活中的行为规范等，总之人与社会、人与人之间各种关系的行为都归为“礼”的范畴。周朝开始“以礼治国”，所有国家政治制度，包括法律制度以及道德行为规范，都由“礼”来规定。中国被称为“礼仪之邦”也就是这么来的。

所谓“乐”，不只是一般指的音乐，而是包括诗歌、音乐、舞蹈，甚至绘画、建筑等所有的艺术。所谓“乐”的教育就是综合性的艺术教育，审美教育，陶冶人的情操。中国古代的教育中一直有“诗教”和“乐教”，就是从六艺中的“乐”的教育发展来的。孔子就是极力提倡“诗教”和“乐教”的。他说“不学诗，无以立……”，“诗三百,一言以蔽之，曰：‘思无邪。’”，培养优秀的品质必须要学诗。当然他这里是说的“诗”，具体指的是《诗经》。因为那时候《诗经》是整个诗歌艺术的典型代表。孔子也特别提倡音乐、舞蹈等艺术教育，他自己就特别爱好音乐。“子在齐闻韶，三月不知肉味。”“韶乐”相传是舜帝时代的宫廷音乐，是一种集诗、乐、舞为一体的最高等级的雅乐。孔子在齐国第一次听到韶乐，竟然高兴得“三月不知肉味”，到了痴迷的程度。

“射”是射箭，“御”是驾车，这两项都是属于军事和体育的内容。古代骑兵和车战是重要的战争手段，贵族子弟人人都要学习骑马、射箭和车战技术。在车战中，驾车和射箭往往是同时的。一辆战车三个人，一人驾车，一人拿弓箭，一人拿枪矛，三人配合着作战。贵族的主要工作就是打仗，所以作为贵族子弟，必须学习骑马、射箭和驾车技术。古代的官办学校里常常有“射庐”“射圃”之类建筑设施，就是学习骑马射箭和驾车的地方。这类学习实际上不只是军事训练，也是一种体育锻炼。儒家的教育，讲究的是人的全方位素质训练，绝不只是死读书本。很多人都有一个错误概念，以为孔夫子是那种弱不禁风的书生。其实孔夫子身高八尺，力大无比。“射”“御”不只是体育的、身体的锻炼，还关乎各种交往礼节的培养。《礼记》中就有“射

义”一节，专讲“射”的思想意义和制度、礼节等，还要考试的。

“书”指写字、书法；“数”指计算、算数。这两门属于基础知识和文化素质、技能的课程。中国是世界上较早出现文字的国家之一，古代很早就重视写字和书法。中国最早的文字是商朝的甲骨文，到周朝发展为大篆。《汉书·艺文志》记载，周朝史官太史籀著有《史籀篇》作为小学里的“教学童书”，这是中国古代有史记载的最早的儿童识字课本，今已失传。周朝以来，识字与写字一直是教育中最重要的内容之一。《周礼》中提出了“六书”的概念，所谓“六书”，本来是指汉字的六种构成方法，即象形、象事、象意、象声、转注、假借，后来引申为人们用来教育学生的方法，并培养通过汉字来理解事物的能力。

“数”的教育在古代也很被重视，基本的数数和计算能力从小学开始训练。《礼记·内则》中说“九年教之数日”，“十年学书计”。所谓“数日”即教小孩要背诵日历，即由天干地支所组成的六十甲子。所谓“书计”，是指不光是要能背诵六十甲子，还要能够书写、推算、推演。到了高一级阶段就要学习筹算，即使用算筹（小竹棍）进行演算。《周礼·地官·保氏》中提出了古代六艺之中的“数”所包含的“九数”的概念，即：方田、粟米、差分、少广、商功、均输、方程、赢不足、旁要。这九个方面的计数推算内容，包括了农田土地丈量（面积计算）、粮食的度量计算（体积和重量计算）、商业经济和工程方面的计算等实用数学计算，也包括了“少广”“方程”“赢不足”“旁要”等这些纯数学计算的问题。简言之，就是既有理论的，又有实用的。

以上所说的“六艺”，虽然看来只是中国古代的教育思想和教育方式，但是它和中国古代的教学体制、学校构成，以至于学校建筑的设置、布局、建筑环境和建筑选址都有直接的关系。

现在看来，其实中国古代的教育思想从一开始就注重人的全面培养，而不只是简单的知识灌输。用今天的话说就是德、智、体、美全面发展。反而后来的教育逐渐放弃了这一正确的思想，朝着以灌输知识为主的方向发展。科举时代，教育就是围绕科举来设置，这就走偏了方向。科举的目的是选拔管理国家的官吏，但并不是所有的人都去当官吏。教育完全围绕科举的目标，这个方向就不对了。

第二节　官学和私学

周朝的学校分为国学和乡学两类，大多都是官办的。国学是贵族学校，一般只有贵族子弟才能入学，所以国学全部都是官办的。国学分为小学和大学两级，大学是最高等级的，当然也是最重要的，所以关于大学的学校建筑形式的相关记载也比较多；小学等级相对较低，所以关于那时代的小学的建筑形式的记载也比较少，比较模糊。

周朝的大学，根据史籍记载有“辟雍”“学宫”“大池”“射庐”等名称。“辟雍”是皇帝讲学的地方，真正的古代最高学府，其建筑形式就是一个圆形的水池，围绕着中央一个方形的殿堂。“学宫”是官学的统称，中央官学和地方官学都叫“学宫”。“辟雍”和“学宫”这两个名称一直沿用下来，直到清朝官学还是沿用这两个名称，皇帝讲学的地方还是“辟雍”。今天北京保存下来的国子监，就是一个“辟雍”，是目前国内保存下来的唯一的“辟雍”（图 2–2–1）。至于“学宫”，过去各地的府学、州学、县学都叫作学宫，数量众多，各地都有。“大池”的名称估计是来源于“辟雍”，因为“辟雍”就是一个圆形的大水池。“射庐”是练习骑马射箭的地方，说明古代的贵族学校必须要学习军事技术。

图 2–2–1　北京国子监辟雍

周朝的乡学，虽然也算是官学，但实际上是半官方、半民间的学校。因为是地方政府办的学校，有的甚至就是乡村办的学校，所以统称为“乡学”。《礼记·学记》中记载周朝的乡学是“家有塾，党有庠，术（遂）有序”。而《周礼》中则说“乡有庠，州有序，党有校，闾有塾”。不论用什么名称，反正都是地方政府办的学校。其中有的已经是最低的乡村级的学校了。在那个时代，乡村一级实际上是没有地方政府行政管理的，而是以家族邻里为基层单位的乡绅族长的自治管理。这里有一个概念——“塾”特别值得注意。从建筑上说，“塾”本来是院落大门两侧的门房，包括祠堂和住宅大门两侧的门房都叫作“塾”（图 2–2–2）。而古代家族办学，往往是在祠堂或住宅大门旁的门房里，请一个教书先生在这个“塾”里来教自己家族的子弟。后来人们说的“私塾”“家塾”就是这么来的。这种家族办学、村上办学实际上完全就是民办的，没有官办的性质了。事实上后来很多乡村民办的书院，就是从这种“家塾”或“私塾”发展起来的。

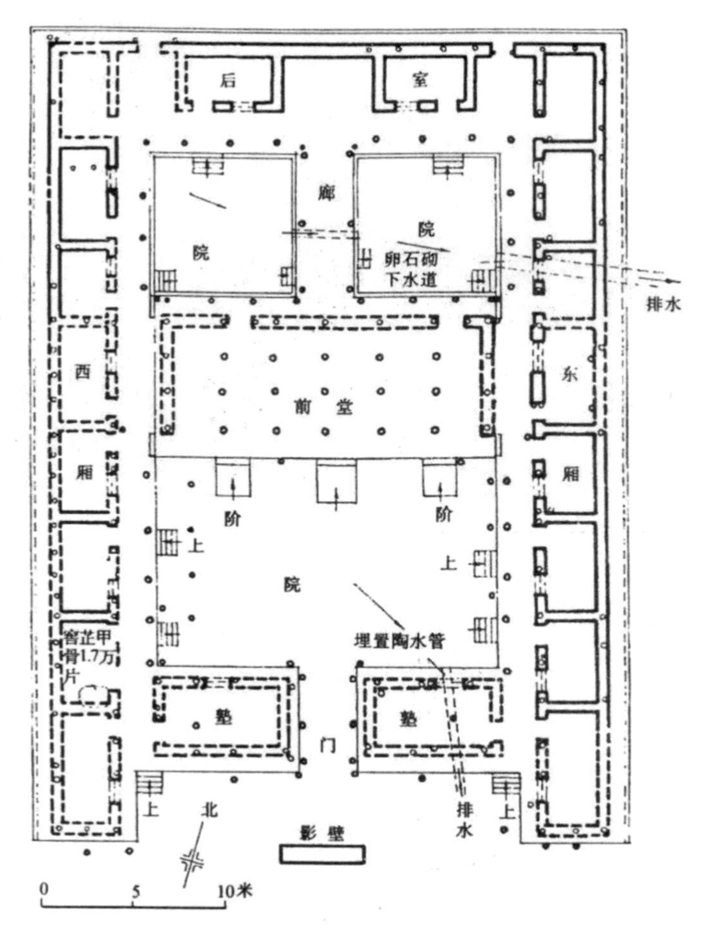

图 2-2-2　古代住宅中的“门塾”（陕西岐山周原遗址，引自傅熹年《中国科学技术史·建筑卷》）

周朝是中国古代传统文化奠基的时代，政治制度上的以“礼”治国，哲学思想政治思想上的儒家学说，以及教育体制、教育思想等都在这个时候形成雏形。后来各时代文化的变化，都是在周朝的基础上的发展，而且变化都不大。例如天子之学的“辟雍”，地方官学的“学宫”，一直到清朝都是如此。

一、私学的兴起

中国古代由于官方重视教育，所以最初的教育都是官办的，私学（民间办学）的兴起是从春秋战国时代开始的。西周是统一的强大国家，所以教育全部由国家来兴办。东周王权衰弱，国家分裂成许多诸侯小国。因为战乱和动荡，很多过去为朝廷服务的学者纷纷逃离。他们都是接受过良好的“六艺”教育的学者，在这动荡的年代里，他们带着原来只是收藏在宫廷中的各种书籍、礼器、乐器等逃到各地。他们或者隐居著书立说，或者收徒讲学，传播自己的思想，形成了中国古代一个特殊的阶层——士，即知识分子。

当时各诸侯国互相竞争，各自都需要富国强兵，也希望得到这些学者们在思想理论和智慧策略上的支持和帮助，纷纷招贤纳士，出钱养着这些学者，即“养士”。当时养士成风，不仅公室（诸侯国王）养士，私门（豪强大夫）也养士，甚至互相竞争。到战国时代，养士之风更盛，当时一些著名的诸侯王或者地方的豪强大夫养士数以千计。这种社会状况，在另一方面促使了学术思想的繁荣，出现了春秋战国时代的各种学说百家争鸣的盛况。当时各路学者、各家学派互相竞争，形成一派学术繁荣的景象，史称“诸子百家”。孔子代表的儒家，老子代表的道家，墨子代表的墨家等等，都是这诸子百家中的一个学派。这些学派多数都是收徒讲学的，这就是中国古代私学大规模兴起的历史背景。

春秋时代这种诸子百家的讲学是没有正规学校的。即使得到了诸侯或地方政府的支持，也顶多是有几间房屋，可以有一个讲学的场所而已。有的甚至连固定的讲学场所都没有，带着学生四处游走，叫作“游学”。孔子在很多时候都是在游学。因为孔子创立的儒家学说提倡仁义、谦和、礼让等思想，与当时各国需要富国强兵的竞争状态是不相符的，所以孔子的儒家往往不被诸侯们接受。孔子带着弟子四处游学，四处游说，宣扬自己的儒家思想，但是却四处碰壁，没人接受，其艰辛状态可以想见。学生们完全是凭着对老师思想的信仰，跟着孔子四处游走。

当时的私学，诸子百家学派的讲学内容，除了各自的学术思想之外，也还是要教授一般的基本知识。例如孔子讲学就要教授六艺的内容。《史记·孔子世家》中就说“孔子以诗、书、礼、乐教弟子，盖三千焉，深通六艺者七十有二人”。后世说孔子“弟子三千，贤人七十二”就是这样来的。三千学生中深通六艺的只有 72 人，说明要真正学会六艺还真不容易。

当时的私家办学，主要招收的仍然是贵族弟子。所以孔子第一个提出“有教无类”的主张，贵族弟子和平民弟子同等招收，这在当时是具有重要意义的创举。

春秋时代诸子百家讲学之后，尤其是他们的学生弟子们散布开去之后，中国的私学在全国各地开办起来。例如孔子去世以后，儒家学派就分为八支，各自招生讲学，其中影响最大的是孟子私学和荀子私学。

春秋时代由诸子百家讲学而发展起来的文人知识分子办学，开创了中国古代私学（民办教育）的先河。从此中国的私学源源不断，为后来书院的兴起奠定了良好的基础。甚至这种私学比官学影响更大，因为历史动乱的原因，官学有时候断断续续，而私学却一直没有停顿地延续着。

二、古代学校的发展

自春秋战国时代私学兴起以后，官办和民办两类学校均持续发展。只有秦王朝这一短暂的时期，教育受到了特别的压制。秦朝以法家思想治国，提出“以法为教，以吏为师”。官方学校里学的就是法律、政令之类；教师就由国家官吏充任。私学则完全被禁止，发展到后来的“焚书坑儒”，文化专制走到极端，这对教育显然是一个沉重的打击。

汉代开始又重新恢复对教育的重视，官学和私学都得到了空前的发展。汉代的教育思想和教学体制以儒家思想为主旨，尤其是汉武帝“罢黜百家，独尊儒术”，儒家被立为国家的正统思想。教育思想和教育体制，当然就以儒家思想为正宗。教育体制基本上延续着周朝以来的学制和学校形式。汉代重视儒家礼制教育，在长安城的南郊建有大型的礼制建筑群，实际上就是一个辟雍。

汉代的官学分为中央官学和地方官学两类，入学者多为贵族子弟，教育的目的主要是为国家培养官吏。官学中最高等级是太学，中国古代的太学就是从汉代开始的。

汉代的私学也分为两类，一类是“蒙学”，一类是“精舍”。所谓蒙学是对儿童和青少年进行启蒙和基础教育的学校，相当于今天的中小学。精舍也叫“精庐”，即由学问高深的学者个人开办的，专门培养高层次的研究型人才的场所。东汉时期甚至还有女性办学，例如著名的博学才女班昭、蔡文姬等曾经都是收徒讲学的。从西汉到东汉、魏晋形成的这种教学体制，为中国后来的教学体制奠定了基础。

隋代仍然延续着汉代以来的官学和私学体制。从中央到地方都设置有官学的学校，中央官学的最高学府叫作“国子寺”，隋炀帝时改为“国子监”，并一直沿用到清朝。国子监的最高管理者叫“祭酒”，国子监祭酒不仅仅管理国子监，而且负责管理全国的学校和教育。这是我国历史上第一次正式由朝廷设立专管教育的行政官员。

隋朝的官学甚至还设立有专门学校。其实专门学校在三国时期就开始存在了，只是到了隋朝更加完善，学科种类更多。例如有专门培养书法人才的书学；有专门培养数学人才的算学；有专门培养法律人才的律学；有专门培养医学人才的医学等。到唐代更是在官学体系中规定了两个必办的学科方向，一个是儒经（儒家经典）学，一个是医学。由中央政府明令在学校中设立医学，这也是中国古代的首例。唐代各地府、州、县均已经有了官办学校，在府和州级的学校中规定了生员名额。府学可收儒经学生 50~80 名，医学生 12~20 名；州学可收儒经学生 40~60 名，医学生 10~15 名。除医学之外，唐代的官学中还设置了各类专门学校，计有律学、算学、书学、兽医学、天文学、音乐学、工艺学等，可谓门类齐全。

唐代是中国古代教育体制完全成型的时代。从中央到地方各级学校，都有了完备的体制。唐开元年间统计全国有 328 个府、州，1573 个县，府有府学，州有州学，县有县学。另外还有民办的私学，其数量无以计数。唐代已经形成了一个遍布全国的完整的学校教育网络，这种情况在中国历史上是空前的，在全世界也是绝无仅有的。

宋代是教育发展的一个高峰，也是教育历史的重要转折，这个转折的主要标志就是书院的兴起。书院在唐代开始出现，但是真正的成型和大规模兴起是在宋代。

宋代的官学基本上还是延续过去的制度继续发展，仍然是由以国子监为首的中央官学，以及由各地的府学、州学、县学等地方官学，共同构成官学的体系。

民间书院的大规模兴起，情况却比较复杂、多样化。主流的、影响较大的书院，是由一些著名的学者开办起来的。他们收徒讲学，继承了春秋战国时期诸子百家讲学的特点。例如湖南岳麓书院、江西白鹿洞书院等著名的四大书院，以及其他一些重要的书院，都是由著名学者讲学而兴起的。另一类书院就是民间开办的地方学校，属于蒙学一类。民间重视教育，乡镇甚至村落里都开办学校，延请教师，教育学童。

这些民间开办的学校有的受到了官方的重视，给予资助。尤其是那些著名学者开办的书院，往往都受到官府的重点支持。例如岳麓书院，甚至得到皇帝的重视，亲自赐匾赐书。这类得到官方重视的书院，往往都是由地方政

府直接指派“山长”（传统书院的院长称“山长”），并拨给“学田”，学校可以收租，成为书院的经济来源。这类书院有的就直接变成了官办的，有的成为半官办。乡镇一级的民间书院，有的也得到了官府的支持，成为半官办的学校。但是总的来说，书院还是民办的占多数，官办或半官办的占少数。据曹松叶先生《宋元明清书院概况》一书的统计，宋代全国共有书院 203 个。按省份来看，最多的是江西，有 80 所；其次是浙江，有 34 所；再次是湖南，有 24 所。所有书院中民办的占到 50% 以上，占多数。

元代是少数民族建立的朝代，蒙古族建立了统治政权。实际上进入中原的不只是蒙古族，还有其他一些少数民族也进入了统治阶层。所以这个时代的教育体制和学校机构中，自然就会加进一些少数民族文化的相关内容。元朝的中央官学国子监叫国子学，除了汉文国子学以外，还有蒙古国子学和回回国子学，这是元朝的特殊教育机构。蒙古国子学除了招收蒙古族学生之外，还招收其他民族的子弟入学。而回回国子学则主要是学习西域民族的语言文字，包括波斯文，其主要目的是加强与西域各国的交流。这也是元朝的教育体制中最具特色的部分。元朝的书院也有很大的发展，现在有统计的元朝书院达到 408 所，比宋朝还多。所以民间有说法“书院之设，莫胜于元”。元朝有的地方的书院也教授医学、数学之类的专门学科，这也是一个特色。

明代最初在南京建都，中央官学在南京，国子监也建在南京。后来明成祖永乐皇帝迁都北京，在北京再建一个国子监，即今天的北京国子监。于是有了“南监”和“北监”之分。明朝是教育发展的又一个高峰，洪武年间南京国子监监生达到了 8100 多人，永乐年间北京国子监监生更是达到了 9900 多人，盛况空前。

明朝政府在全国各地设立的地方官学叫“社学”，城镇乃至村落都有社学，甚至有制度规定“民间子弟八岁不就学者，罚其父兄”，强制实行基础教育。社学的优秀学生被选拔推荐到更高级别的地方官学——县学、州学、府学中去。

书院在明代初期有较大的发展，但是明代中后期却接连发生过四次禁毁书院的事件，其中两次发生在嘉靖年间，一次发生在万历年间，一次发生在天启年间。事件的起因虽各有不同，但是基本原因都是书院的学者们批判现实，议论朝政，招致统治者的忌恨。在明朝万历年间发生的著名的东林党事件，最具典型代表性。江苏无锡的东林书院办得非常有特色，远近闻名。很多学者和学子聚集在那里讲学和听讲，同时他们发挥了中国古代知识分子的特点，议论朝政，批判现实。顾宪成给书院题写了著名的对联：

风声雨声读书声声声入耳；
家事国事天下事事事关心。

东林书院对于朝政的批判，招致了魏忠贤等太监们的忌恨，最后书院被焚毁，学者们遭到了严重的迫害，有的被迫害致死。这就是著名的“东林党事件”。太监们因东林书院进而迁怒到其他书院，掀起一股禁毁书院的浪潮。然而有意思的是，明朝这样的毁书院的事件接连发生，但是民间的书院却是越毁越建，反而数量更多。有统计明朝共建书院 1239 所，远远超过宋元时期。

清朝的官学基本上沿用了明朝的体系，只是在“宗学”之外增加了“觉罗学”。所谓“宗学”是专为皇朝宗室弟子设立的学校；“觉罗学”则是专为爱新觉罗氏子弟设立的学校。觉罗学比宗学面更广，面向全国各地的爱新觉罗氏，有的地方把觉罗学和宗学合为一体。清朝教育体系中还有一个特点就是设有“八旗官学”，即专为八旗子弟设立的学校，人们俗称“旗学”。

另外清朝的地方官学中除了府学、州学、县学以外还有一个“卫学”。“卫”是清朝为镇守边关地区专设的一级行政机构，是军队驻扎的地方，逐

渐形成为城镇。所谓“卫学”，是专为这些军队子弟设立的学校。地方上最低一级的官学仍然还是社学，是普及到乡镇甚至村落一级的学校。

清朝初期的统治者对书院也是不感兴趣的，因而书院的发展一度也受到了压制，直到康熙年间才有所改变。康熙皇帝重视文化教育，重视书院的发展，亲笔为一些重要的书院题写过匾额，例如“学达性天”“学宗洙泗”等（图 2-2-3），促进了书院的发展。清代书院在明代基础上继续发展，新建书院共计 781 所。其中康熙年间建造的书院数量最多，有 233 所，其次是乾隆年间，228 所，说明这两个时期对文化教育最重视。

图 2-2-3　康熙皇帝题匾“学达性天”

从地域分布来看，还是南方书院多。数量最多的三个省，第一是福建，181 所；第二是湖南，106 所；第三是广东，102 所。从官办民办的性质来看，官办的占 78.74%。清朝的书院官办的占绝大多数，书院的官学化，这是清朝书院的重要特点。虽然官办的书院占多数，但是很多民办的书院仍然坚持宋代以来的讲会制度，自请教师，以自由讲学为特色。

有些地方的书院除了教授儒家经典以外，还教授各种相关学科知识，甚至各种工艺技能。最典型的例如漳南书院，中心建筑讲堂叫“习讲堂”，而不是“讲习堂”。“习讲”是强调实习践行。书院建筑与教学内容分为文事、武备、经史、艺能四斋，即四个教学方向。最具特色的是艺能斋，教授工学、水学、火学、象数等物理知识和工艺技能。这是过去的书院所没有设立过的。还有的书院除了经史、辞赋之外，还教授名物制度、天文、历算、地理、音韵等学问。这类书院后来成为了近代新式学堂的先驱。

清光绪二十七年（1901），朝廷采纳了张之洞、刘坤一等人的建议，将全国各省的书院改为学堂。这标志着延续千年的传统书院教育制度结束，进入到近代教育阶段。

第三节　学宫与书院

中国古代教育体制中的官学与私学最典型的代表就是学宫和书院。学宫是指官办的各级学校，除了中央的国子监以外，地方各级的学校有府学、州学和县学。府学相当于省级的学校，州学相当于市级的学校，县学相当于县一级的学校。这些学校通通都叫学宫。

书院最初是民办的性质，属于私学。但是很多书院后来受到了官方的资助，成为了半官学的性质。书院又分为两类：一类是高层次的，由学者讲学的，带有研究性的书院，例如著名的古代四大书院——岳麓书院、白鹿洞书院、嵩阳书院、应天府书院都属于这一类。另一类是启蒙性的，叫作“蒙

学”，有的叫作“蒙养”。例如湖南溆浦的崇实书院，也叫“吴氏蒙养”，就属于这一类（图 2–3–1）。

图 2–3–1　启蒙类书院“吴氏蒙养”

学宫和书院的不同特点表现在几个方面：

一、办学宗旨和教育体制不同

学宫是官方为培养人才而设立的专门学校。不仅要符合教育体制，还必须要符合政府的官僚体制，它们要按照中央和府、州、县各级政府的体制来划分等级。办学目的是通过科举的方式，为政府培养未来的官吏。教育的内容主要是儒家经典、四书五经之类。学制也是固定的，学生的入学时间、入学年龄、学制的长短等等都是固定的。毕业以后的学生由低级向高级，乡试—会试—殿试，一层层往上考。所以整个的教育都是为考试服务的，也就是我们今天所说的“应试教育”。

书院教育则不一样。书院的教育是为社会培养人。低等级的书院（蒙学）是为社会培养具有一般常识和劳动技能的人。当然也有一部分人最后进入到各级地方官学，进入到科举的梯队。但多数人仍然是留在社会上从事农工商的营生。高等级的书院，即研究型的书院，由学者们讲学。教师们讲的是自己的学术思想，学生们已经具备了相当的基础，来书院学习也是为了更深入地探究学问。所以其目的并不在于科举考试，当然也有部分人最后走向科举仕途，但是与学宫最基本的区别是，最初的办学目的就不是为了考科举的。因此高等级的书院学习科目是不固定的，学制也是不固定的，学生进入书院的年龄层次，以及在读的时间等都是不固定的。

二、学宫和书院所在位置不同

学宫是官方办的正式学校，都是在城内，而且一般都在城内的核心位置。从各地古代保留下来的地方志来看，学宫都是处在地方政府衙署旁边不远的地方。府城里的学宫就在府衙旁边，州城里的学宫就在州衙旁边，县城里的学宫就在县衙旁边。这也说明中国古代对于教育的重视，地方的学校几乎和地方政府处在同等重要的位置。

书院则不同。书院一般都在城外，比较偏僻的地方，甚至是深山之中。低等级的书院（蒙学），一般就在所在地的村落和城镇，方便村镇居民的子弟就近上学。而文人们创办的高等级的书院，则是有意避开人群喧闹，选择在风景优美的名山大川之中。他们需要选择一片安静的地方修养心性，思考学问。例如中国古代四大书院（岳麓书院、白鹿洞书院、嵩阳书院、应天府书院），除了一个应天府书院是办在城里以外，其他都选在了名山大川之中。还有很多今天得以保存下来的书院，也大多是在离城比较远的山林之中。

三、书院和学宫建筑的不同

首先，学宫是官式建筑，是要按照官式建筑的等级来划分的。府学、州学、县学都是有不同等级的。而书院都是民间建筑，不论是高等级的书院，还是低等级的书院（蒙学），都是民间建筑，只有规模大小之分，没有等级高低之别。

其次，学宫和书院的祭祀建筑不同。在中国古代，祭祀是教育的一种重要手段，因此所有的学校都有祭祀。官办的学宫和民办的书院都有祭祀，但是祭祀的对象、内容和祭祀建筑有所不同。学校祭祀的对象，第一重要的当然是孔子。古代制度规定“凡学，必祭奠于先圣先师”，只要办学就必须要祭祀孔子，不管是官办还是民办。所不同的是，官办的学宫都设有独立的文庙或孔庙。所谓独立的文庙，就是由单独的院落所组成的一组建筑，一个建筑群。全国的文庙或孔庙都是统一的布局方式，统一的名称（后面有详述）。并且所有文庙都是属于皇家等级的建筑，红墙黄瓦，和北京的宫殿一样。各地的文庙，哪怕是县里的文庙都是如此。而民办书院里祭祀孔子一般不能有独立的文庙，只能是在书院里拿一座殿堂来祭祀孔子。例如四大书院中的白鹿洞书院有“先师殿”，嵩阳书院有“先圣殿”……唯独岳麓书院旁边有一个独立的文庙（图 2–3–2），这也说明岳麓书院地位的特殊性，有半官学的性质。

另外，学校的祭祀除了祭孔子以外，还要祭祀当地历史上的先贤，这也是一种纪念和表彰。学宫文庙里，在大成殿的前面左右两侧设有乡贤祠和名宦祠，祭祀当地历史上的先贤。而民间的书院里对当地的历史先贤祭祀更加隆重，书院里往往有一些“专祠”，专门祭祀当地的历史先贤和在书院创建发展过程中有重大贡献的人物。例如岳麓书院里有“崇道祠”，纪念朱熹和张栻两位大哲学家当年在这里开坛会讲；有“六君子堂”，祭

图 2-3-2　岳麓书院与文庙

祀岳麓书院发展历史上六位有过重大贡献的人物；有“船山祠”，纪念大哲学家王船山……

再次，因为祭祀方式的不同，所以官办的学宫和民办的书院在建筑的功能和布局上也有不同。官办的学宫因为有一个独立的文庙，因此在建筑上一般都会形成两条并列的纵向轴线。一条轴线是文庙，专门用于祭祀孔子，有固定的建筑排列；另一条轴线就是学宫本身，相关的教育建筑组成一个序列。并且两条轴线的排列位置都有规矩，一般都是文庙在左，学宫在右，以左为尊。注意古建筑的左右，是以正堂上的主位（神像或者主人的座位）来定的，它的左右，与我们对着它的左右恰好相反。岳麓书院文庙和书院两条轴线并列的布局，就是左庙右学（图 2-3-2）。北京国子监是皇帝讲学的地

方，但是北京孔庙还是在它的左边（图 2-3-3），说明孔子的地位之高，也说明在学校建筑中，祭祀建筑的地位要高于教学的建筑。

图 2-3-3　北京孔庙与国子监（引自潘谷西主编《中国建筑史》参考图）

一般的书院里没有独立的文庙，就在书院中间的一座殿堂祭祀孔子，其他的建筑就根据书院的需要来进行排列。一般是讲堂处在中心位置，讲堂前方的左右为学生住宿、自修的宅舍，后方为藏书楼（图 2-3-4）。有的书院就把祭祀孔子的殿堂和讲堂合为一体了，这种情况还比较多，例如河南襄城紫云书院、湖南炎陵洣泉书院等。

图 2-3-4 岳麓书院御书楼（藏书楼）

最后，学宫和书院的建筑环境不同。学宫都是在城里，而且是在城里最核心的位置，常常和地方政府的衙署并列，显示它的高贵地位和重要性。书院则多在城外，而且常常选在风景优美的偏僻地方，并且还要再着力经营建筑周边的环境，以达到静心读书、修身养性的境界。关于这一点，我们在后面会有专门的论述。

第三章 书院建筑的基本特征

前面分析了传统书院作为民办的学校和官办的学校是有着很多区别的。具体到建筑，书院的建筑与官办学宫的建筑也有着明显的区别。书院建筑有着明显的基本特征，主要表现在以下几方面。

第一节　书院建筑的平面布局特征

中国古代建筑与西方建筑的一个最明显的区别，就是中国古代建筑讲究的是平面布局和群体组合。西方建筑都是单栋地出现，讲究的是立面造型和细部的雕刻装饰等，从古希腊古罗马的神庙，到中世纪的教堂，直到近代的宫殿都是如此。而中国的古建筑除了少数风景名胜区里单个的亭子和塔以外，其他所有的建筑都是以建筑群的方式出现。宫殿、寺庙、园林、书院、民居等等都是如此。其组合方式是由若干栋建筑围合成庭院（三合院、四合院），然后由若干庭院组成建筑群。一个建筑群一般都绝不止一个庭院，至少有好几个，多的几十个，像北京故宫这样的建筑群由几百个庭院组成。

庭院一般按照轴线方式布局，最常见的是向纵深方向发展的纵轴线，有的时候还有垂直于中轴线方向的横轴线。一条纵轴线上的一组建筑叫作一路，有两条轴线并列就是两路。例如岳麓书院建筑群就由书院和文庙并列两条轴线构成，这就是两路。建筑群的庭院有大有小，有宽有窄，有纵向也有横向，根据实际情况来决定。例如书院的讲堂前面、祭祀孔子的大殿的前面，一般都需要比较开阔的比较大的庭院（图 3–1–1）。书院的山长（院长）或者教师们居住、读书研究的地方，则是比较安静的小庭院（图 3–1–2）。而学生居住的斋舍一般由成排并列的小房间组成，所以往往形成长条形的庭院（图 3–1–3）。比较大的书院通常是在讲堂前面的

图 3–1–1　讲堂前的大庭院

图 3–1–2　岳麓书院屈子祠内小庭院

图 3–1–3　平江天岳书院斋舍前的庭院

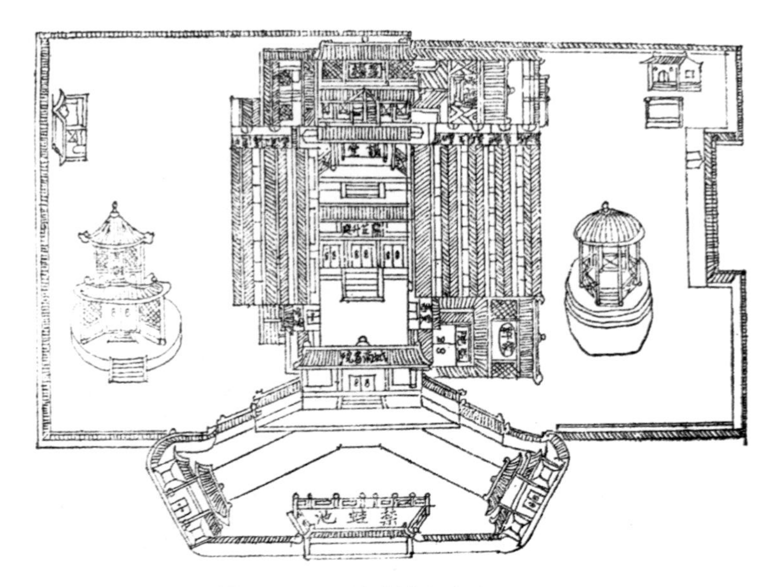

图 3-1-4　长沙城南书院平面图

两侧修建几排几十间房屋组成的斋舍（图 3-1-4）。

前面一章中已经说到书院有两大类，一类是低等级的、基础性的蒙学；一类是高等级的、研究性的书院。这两类书院的基本布局是不同的，其原因是这两类书院的功能不同。

低等级的书院——乡村蒙学一般只有最基本的教学功能。没有祭祀，没有藏书，学生也不住校，甚至连教师都不一定住校，只要有教学的讲堂或教室就可以了。所以其建筑布局也非常简单，大门进来以后就是庭院，周围有各种教学的建筑。例如湖南溆浦的崇实书院就是如此，进大门以后只有两个湖南地域特色的天井小院，周边都是教学的教室。湖南辰溪县的五宝田村保留下来一座古代的村办学校——耕读所，也叫“宝凤楼”。耕读所就是简单地用围墙围出一个院子，里面一栋两层的楼阁（图 3-1-5）。一层是村里的粮仓，二层是教学的教室。虽然很简单，但是建筑做得很精致。

图 3–1–5　辰溪五宝田村耕读所

高等级的、规模较大的书院，其建筑布局的基本特征是有一条完整的中轴线，主体建筑沿中轴线布置，一般有大门、讲堂、祭祀孔子的殿堂、藏书楼等。各书院根据规模大小和具体的情况而有所不同。例如岳麓书院，大门后面还有二门，大门前面有赫曦台（图 3–1–6），后来为了管理的方

图 3–1–6　岳麓书院赫曦台

图 3-1-7　岳麓书院前门

便，又新建了前门。赫曦台这样的建筑在一般的书院里是没有的，这有特殊的原因。赫曦台原本在岳麓书院后面的岳麓山上，宋代大哲学家朱熹来长沙讲学，常与岳麓书院山长张栻共同登上岳麓山的赫曦台，吟诗作赋。因为年久失修，到清朝初期，山上的赫曦台已经很破败了。清乾隆年间岳麓书院山长罗典把山上破败了的赫曦台搬下来，建在岳麓书院大门前面，于是形成了岳麓书院不同于其他书院的这样一种特殊的格局。为了管理的方便，后来又在赫曦台前面新建了今天的前门（图 3-1-7），所以现在的前门不算是古建筑，就是这个原因。岳麓书院真正的大门还是赫曦台后面那个挂着“惟楚有才，于斯为盛”对联的那个大门（图 3-1-8）。岳麓书院二门的布局也很特别。一般书院没有二门，而岳麓书院在大门之后、讲堂之前还有一个二门（图 3-1-9）。这是因为岳麓书院建筑群规模比较大，讲堂

图 3-1-8　岳麓书院大门

图 3-1-9　岳麓书院二门

讲学的时候就把二门关闭，来书院的人进了大门以后，就从二门之外往旁边绕着走，不打搅讲堂上的讲学。

书院一般以讲堂为中心。有祭祀的书院，祭祀孔子的建筑都在中心位置，有的书院祭孔子的殿堂和书院讲学的讲堂合二为一。祭祀书院历史上的其他人物的建筑就不一定在中心位置上了，一般在旁边或者靠后的位置（图 3-1-10），祭祀孔子的殿堂就一定是放在中心位置上。讲堂的前方有比较开阔的庭院，这是书院的主庭院。庭院两旁成排的斋舍，是学生住宿、自修的地方。书院的藏书楼一般都是在书院的后部，最后面最安静的地方。因为读书需要安静的场所，古代私家住宅的书楼，也都是在住宅的最后部。书院里山长和教师的住宅，一般是在书院中轴线上主体建筑的旁边靠后的位置，也是在比较偏僻安静的地方。

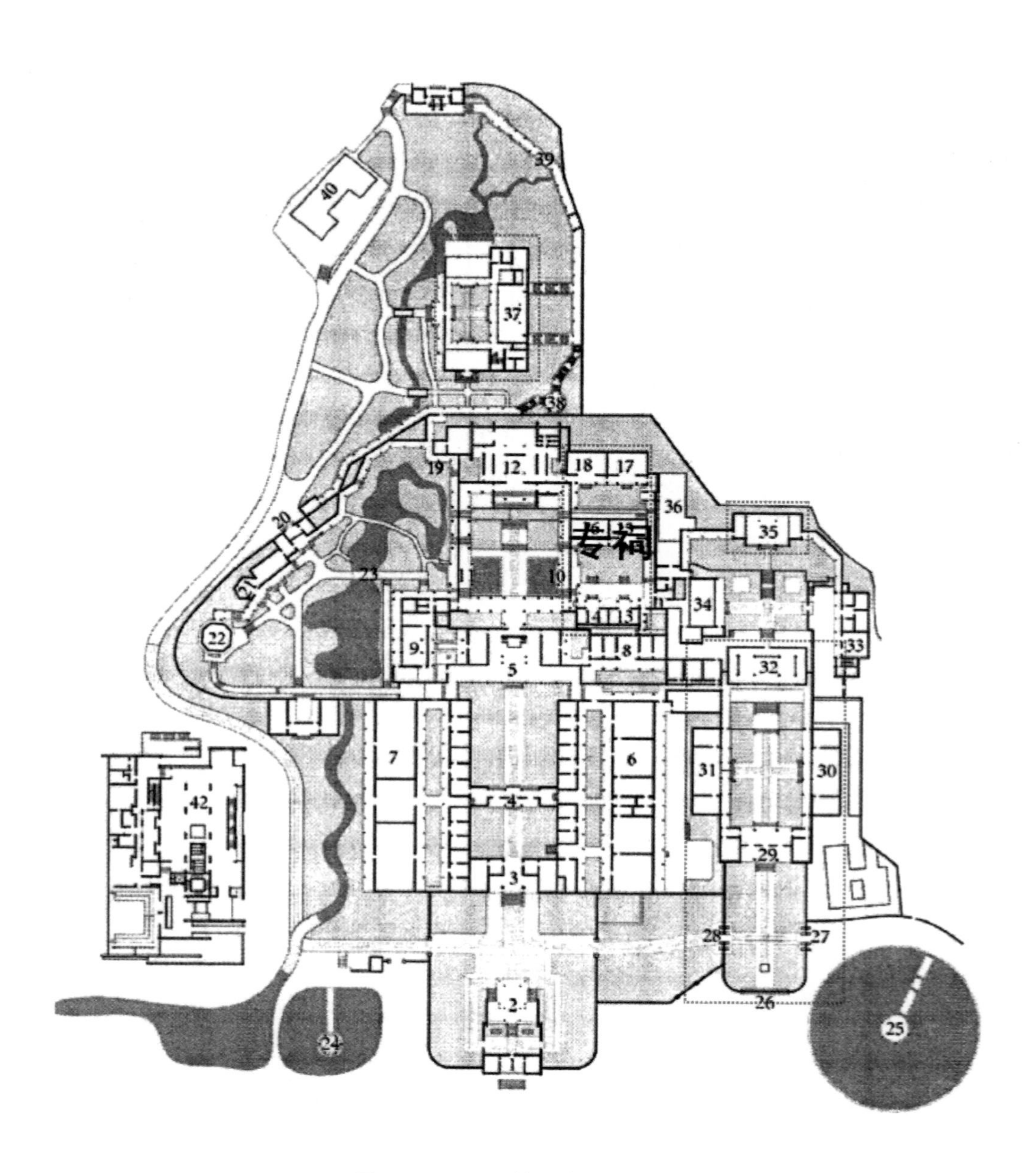

图 3-1-10　岳麓书院专祠位置

第二节　书院建筑的造型特征

书院建筑属于文人建筑的类型，总体风格特征是朴素淡雅，不求豪华壮丽，但求清心寡欲，静心读书，追求安宁。建筑群的大小，依书院本身规模大小而定。但即使是大型的书院，一般也没有宫殿、寺庙那一类的大型殿堂。如果有文庙孔庙的，祭祀孔子的大成殿则是正规的殿堂。其他建筑则都接近于民居的建筑形式。

中国古代建筑形式有殿堂、楼阁、亭、台、轩、榭、廊等等。殿堂一般是一个建筑群的核心建筑。例如宫殿中皇帝上朝的地方，寺庙中祭祀主要神灵的地方，书院中讲学的地方，祠堂和民居中祭祀祖宗的地方等等，都是处在一个建筑群的中心位置，这类建筑都是殿堂。具体来说“殿”和“堂”又有所区别。大型的、重要的建筑群，例如宫殿、寺庙等的中心建筑一般叫作“殿”。例如故宫中的太和殿、中和殿、保和殿等；佛教寺院中的大雄宝殿、观音殿等；道教宫观中的玉皇殿、三清殿等；文庙中的大成殿等等。中小型建筑群的核心建筑一般为“堂”。例如祠堂里的正堂；书院里的讲堂；老百姓民居住宅中的堂屋、祖堂等等。

在建筑式样上，殿一般都是歇山顶（重檐歇山顶、单檐歇山顶）（图3–2–1），最高等级的（皇家建筑）采用庑殿顶（重檐庑殿、单檐庑殿）（图3–2–2，图3–2–3）。而堂一般是类似于民居的建筑式样，例如硬山顶、悬山顶等。硬山顶指建筑两端的山墙高于屋顶，耸出屋顶之上，做出各种造型，即人们常说的封火墙（图3–2–4）。悬山顶则是两端的山墙盖在两坡屋顶之下（图3–2–5）。堂虽然也是中心建筑，但是显然没有殿那样的高大威武。书院的讲堂虽然是书院中的主要建筑，处于核心位置，但是其建筑式

图 3-2-1　北京故宫中的单檐歇山顶和重檐歇山顶

图 3-2-2　重檐庑殿顶（北京故宫乾清宫）

图 3-2-3　单檐庑殿顶（山西大同华严寺）

图 3-2-4　硬山顶（平江天岳书院讲堂）

图 3-2-5　悬山顶

样往往都是采用堂的形式——硬山、悬山等。

硬山式建筑最能显示出地方特色，尤其是南方，高高耸起的封火墙，显示出各地的造型特征。南方书院建筑的正堂——讲堂一般都是硬山式建筑，特别突出的就是封火墙的造型。

书院中的祭祀对象有三类，一类是祭祀孔子，一类是祭祀在本书院发展史上有重要贡献的人，还有一类是祭祀与科举相关的神灵——文昌、魁星等。

书院祭祀孔子又分两种形式，一种是有一个独立的文庙，一种是只在书院中有一座殿堂祭孔子。如果有独立的文庙，则文庙是一组宫廷式建筑，但是这种情况很少，例如岳麓书院文庙就是一个比较少见的特例。按照中国古代礼制规定，所有祭祀孔子的文庙，不管什么地方，哪怕是县里的文庙，一律都享受皇家建筑的待遇，都是红墙黄瓦，宫殿式样。书院一般是民办，或者半官办的，有独立文庙的极少，一般都是在书院中有一座殿堂祭祀孔子。在书院中的一座殿堂祭祀孔子，一般不按照官式建筑的等级和式样，只是比一般民间建筑的正堂体量稍微大一点而已。除了祭祀孔子以外，书院中祭祀其他人物的建筑叫作“专祠”，用来祭祀当地的历史名人或者书院发展历史上的重要人物。这类建筑一般也就是小型堂屋的形式了，例如岳麓书院的专祠就是这样（图 3-2-6）。

地方官学（府学、州学、县学）是专门培养科举人才的学校。但是也有很多学生进不了官学，而是通过书院的学习，走向科举仕途，所以书院也培养出很多科举人才。读书人考科举也要祭祀神灵，就是文昌帝君和魁星等。文昌帝君和魁星都是中国古代神话中主管文章盛衰之神，科举士子们在考试之前都要先去祭拜，求神灵保佑。所以很多书院中都建有文昌阁、魁星楼或奎星楼。例如岳麓书院就是两者都有，在书院中建有文昌阁，书院左前方的小山上还建有魁星楼（图 3-2-7）。有的地方官学的学宫或文庙

图 3–2–6　岳麓书院专祠

图 3–2–7　岳麓书院魁星楼

中也建有文昌阁、魁星楼或奎星楼，例如上海文庙就有魁星楼（图 3–2–8）。后来有些人在科举考试前去祭拜孔子，就用祭拜孔子替代了祭拜文昌、魁星等神灵。文昌阁和魁星楼一般也是楼阁式建筑，但是又有所区别。文昌阁一般比较正规，常常做成歇山式建筑，有的并不是楼阁，而是做成殿堂的形式。魁星阁或者魁星楼，一般都是做成楼阁的形式，并且常常做成攒尖式屋顶。

图 3–2–8 上海文庙魁星楼

书院的藏书楼一般设在书院的最后部。在建筑形式中，属于楼阁式。书院中的藏书楼和寺院中的藏经阁属于同一种类型，民居住宅建筑中的书楼和闺楼、绣楼也属于这一类，因为在功能上都是需要在最隐蔽最安静的地方，所以都设置在整体建筑群的后部。作为藏书之处，用楼阁的形式也利于防潮。藏书楼一般都采用多层的重檐歇山顶建筑形式。岳麓书院的藏书楼叫“御书楼”，是因为岳麓书院在历史上影响之大，受到历朝历代皇帝的重视，赐书赐匾被收藏在这里，所以叫御书楼。这座建筑在 1938 年抗日战争时期，被日军飞机轰炸时炸毁，现存的建筑是 1986 年重修的。其他书院的藏书楼虽然规模可能没有岳麓书院的御书楼这么大，但一般也都是 2~3 层的楼阁（图 3–2–9）。

图 3-2-9　白鹿洞书院御书阁

书院的斋舍是学生们住宿自修的地方，位置一般都在讲堂前的左右两旁。斋舍一般都是长排型的单间房屋，两排房屋之间形成狭长的天井（图 3-2-10）。建筑式样一般为硬山式，两端有封火墙，能显示出建筑的地域风格特征。斋舍建筑一般正面都有一条长廊，便于通行，后面成排的小间房屋，供书院的学生们住宿自修，所有书院斋舍的布局基本相同。斋舍成排地并列布局，排列数量之多少取决于书院的规模大小。大的书院有七八排并列，小的书院只有两排。斋舍建筑的名称也都出自古代儒家教育思想，一般都以“× × 斋”为名。例如岳麓书院的“教学斋”“半学斋”……

书院中还有山长（书院院长）以及其他教师住宿的房屋。这类建筑一般都在书院中轴线的后部的两侧，相对比较偏僻的位置，但是往往选择周围环境优美的地方。例如岳麓书院的百泉轩就是历代书院山长住的地方，

图 3–2–10　炎陵洣泉书院斋舍

图 3–2–11　岳麓书院百泉轩

面对水池、园林，风景优美（图 3–2–11）。这些一般住宿用的房屋，其建筑风格相对比较简朴，一般采用两坡屋顶的硬山式或者悬山式。也有做得比较讲究的，采用歇山式，例如岳麓书院的百泉轩就是采用歇山式屋顶造型，精美别致，本身就成了一道园林景观。

第三节　书院建筑的装饰艺术

一、书院建筑的装饰艺术风格

中国古代建筑在文化类型上有三类：官文化、士文化、俗文化。相对应的建筑类型也有三类：官式建筑、文人建筑和民间建筑。与之对应的装饰艺术风格也分为三类：宫廷艺术、文人艺术和民间艺术。书院属于其中的第二类：在文化类型上属于士文化，建筑类型上属于文人建筑，艺术风格上属于文人艺术。

官文化和官式建筑是以恢宏大气的体量、中轴对称的布局、庄严肃穆的形式，体现权力意志，以金碧辉煌的装饰体现皇家的气派。官式建筑的典型代表是皇家建筑，皇宫、皇家园林、坛庙和皇家寺庙等。

士文化和文人建筑不追求宏伟豪华的气派，而是追求清新淡雅、静心读书的文化氛围。建筑朴素淡雅，但文化气息浓厚，充满着书卷气。文人建筑的典型代表是私家园林、书院、文人宅邸等。

俗文化和民间建筑体现的是民间大众的文化心理。他们追求的是荣华富贵、健康长寿等欢乐吉祥的幸福生活，并且以极其直白质朴的方式表达出来。其艺术风格是大红大绿的装饰色彩，福禄寿禧的吉祥内容。民间建

筑的典型代表有民居、民间寺庙、祠堂、会馆、店铺、酒楼等等。

书院建筑在文化类型上属于士文化和文人建筑一类。其特征是朴素淡雅的书卷气。其建筑没有宫殿建筑的宏伟体量，也没有体现建筑等级的造型特征。建筑色调淡雅，多以青砖、白墙、灰瓦为基本色调，除了木结构要涂刷油漆以外，基本上很少有鲜艳的颜色，即使涂油漆，也少有亮丽的色彩。没有宫殿建筑上的红色、黄色、金色等高贵的色彩，也没有民间寺庙和祠堂会馆上那种大红大绿的吉祥富贵的装饰。文人建筑，尤其是书院建筑，各部位的装饰都很少。

少数情况下，书院建筑中会加入一些其他风格的建筑。例如祭祀孔子的建筑，如果有单独的文庙，像岳麓书院那样，那文庙就是皇家建筑的装饰特征，红墙黄瓦、龙凤雕刻等等。所以岳麓书院的文庙和书院两组建筑，是完全不同的装饰格调。左边的文庙是皇家建筑风格，红墙黄瓦，和北京的宫殿一样。右边的书院则是白墙灰瓦、朴素淡雅的文人建筑的格调。（图3–3–1）

有的书院没有单独的文庙，只是用书院中的一座建筑来祭祀孔子。这种情况下，这一座独立的祭孔子的殿堂，就不能享受文庙的那种皇家建筑格调的待遇，不能用红墙黄瓦，只能用跟书院一样的普通民间建筑的色彩。例如白鹿洞书院的礼圣殿，是专门祭祀孔子的殿堂，但是它不是一座独立的文庙，而只是书院中的一座殿堂，所以它不能用皇家建筑的色彩，而只能用普通民间建筑的色彩（图3–3–2）。

另外还有特别的情况。例如岳麓书院前面的赫曦台。它是戏台建筑的形式，在建筑类型和文化风格上都不属于文人建筑，它是一座民间建筑。它本来不是岳麓书院的，最初是在岳麓山上，因为年久失修，破败不堪，清朝乾隆年间，岳麓书院山长罗典觉得毁掉可惜了，就把它搬下山来，建在岳麓书院前面。由于它本来就不是书院的，建筑类型上也和书院不是一

图 3-3-1　岳麓书院鸟瞰

图 3-3-2　白鹿洞书院礼圣殿

个类型，所以它的建筑风格和装饰艺术都具有典型的民间建筑的特征。“猫弓背”式的封火墙，墙头屋角等各部位装饰着各种泥塑琉璃等（图 3–3–3），天花藻井等部位也都雕刻着各种吉祥图案（图 3–3–4）。这种建筑是书院建筑中比较特殊的情况。

图 3–3–3　岳麓书院赫曦台建筑造型

二、书院建筑的装饰部位、装饰题材与工艺手法

书院建筑中的装饰部位一般是在屋脊、翘角、墙头、门窗、栏杆，以及室内各部位。装饰题材和内容与建筑风格类型有直接的关系。前面所述官文化、士文化和俗文化三种风格类型，直接决定了建筑装饰的题材和内容。皇家建筑的装饰题材，一般是龙凤等最高等级的吉祥动物。官式建筑的装饰内容都有明确的等级差别，例如彩画，有和玺彩画、旋子彩画和苏式彩画三种，按照建筑的等级高低来区分，表明

图 3–3–4　岳麓书院赫曦台天花藻井

官文化的严格的政治伦理等级制度。民间老百姓的俗文化，其装饰题材内容一般有欢乐吉祥的神话故事，例如八仙过海之类；有道德教化的，例如“二十四孝”“孔融让梨”等；还有向往荣华富贵、幸福生活的，例如“福禄寿禧”“三羊开泰”等等。文人建筑士文化风格的装饰题材内容，一般较多采用寓意深刻的象征题材的内容。常用的如“四君子”——梅、兰、竹、菊等，另外还有比较高雅的文人书画，例如山水画、诗文书法等作品。

中国古代的文人艺术，常用的一种手法是用自然界事物的自然属性来象征和比喻人的道德品质。例如荷花出淤泥而不染，兰花的高雅洁净，梅花傲霜斗雪不怕严寒，竹子的虚心高节，等等。还有玉石，其温润洁净的质地，也被用来比喻君子的品德。古人说“君子必佩玉”“君子无故玉不去身”……人们用玉做成各种物件佩戴在身上，以此象征君子。本来这些自然事物的特征纯粹是由其自然属性决定的，与人类的道德品质毫无关系。但是文人艺术家们往往就用这些来比喻人类的道德品质，这就是士文化和文人艺术的特征。文人画“四君子”是建筑装饰艺术中最常见的题材内容之一，不只是书院、园林等这类文人建筑如此，甚至有一些民间建筑，老百姓的民居住宅上也常能看到这类文人画的题材和内容。这表明普通百姓和官僚阶层对高文化层次的认可、向往和追求。

书院建筑的装饰工艺，一般有琉璃、泥塑、彩画、壁画、木雕，石雕和砖雕等。琉璃和泥塑都是用手工塑造的方法做出动物、植物的立体形象。所不同的是，琉璃是要在表面上釉，然后像陶瓷制品一样进窑烧制。琉璃表面有光泽，可以经风历雨。琉璃在工厂制作完成，买来安装在建筑上（图3–3–5）。泥塑则不需要烧制，直接在建筑上现场制作。其耐久性当然不如琉璃，但是有一些民间特殊的工艺，例如用桐油石灰等制作出的泥塑，也是很具耐久性的（图3–3–6）。

彩画和壁画是两种不同的装饰手法。彩画一般是在建筑构建上（例如

图 3–3–5　琉璃

图 3–3–6　泥塑

梁、枋、斗拱等）描绘出规则性的图案。官式建筑的彩画还有等级的区分，最高等级是和玺彩画，其次是旋子彩画，再次是苏式彩画（图 3–3–7，图 3–3–8，图 3–3–9）。壁画是在一面墙上描绘大幅图画，内容不是规则性的图案，而是一幅完整的美术作品，例如山水风景、历史故事、神话戏曲、花鸟虫鱼等等（图 3–3–10）。

木雕、石雕、砖雕是中国古建筑装饰最常见的手法，并被称为古建筑“三雕”。顾名思义，木雕就是在木头上做雕刻，石雕是在石头表面雕刻，砖雕是在青砖上做雕刻。雕刻的内容有人物故事、山水风景、神话传说、花鸟动物等等（图 3–3–11，图 3–3–12，图 3–3–13）。

图 3-3-7　和玺彩画

图 3-3-8　旋子彩画

图 3-3-9　苏式彩画

图 3-3-10　壁画

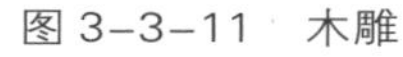

图 3-3-11　木雕

图 3-3-12　石雕

图 3-3-13　砖雕

三、书院建筑装饰艺术的地域特色

中国古代建筑具有很明显的地域特色，每个地域的建筑都不相同。建筑的地域特色表现在整体布局、建筑造型和制作工艺等方面，装饰艺术也是地域特征表现的一个重要方面。

装饰艺术的地域特征首先表现在艺术风格上。总的来说，北方的风格厚重、质朴、粗犷；南方的风格纤细、华丽、精致。例如同样是琉璃、泥塑、木雕、砖雕、石雕，北方做出来的厚重粗犷，南方的则是细腻精巧（图3–3–14，图3–3–15）。

图3–3–14　北方石雕

图3–3–15　南方石雕

另外，在装饰艺术题材内容上也有地域的差别。北方的装饰题材内容以神话故事和历史人物为多；江南一带则比较常用自然山水、秀丽风景；广东、海南等地则喜欢用瓜果植物做装饰图案，因为南方植物特别丰富。这些装饰艺术题材内容的特点是由地理因素决定的。

还有一些特殊的建筑工艺，也具有很强的地域特色。例如南方喜欢用竹子做装饰，而北方则基本没有。北方人喜欢用彩色的琉璃瓦在屋顶上拼出图案，这是山西、陕西一带的特征，别处则少有。四川人喜欢把碎瓷片镶嵌在泥塑的表面上，做出斑斓的色彩，这是四川的特征。如此等等，不一而足。

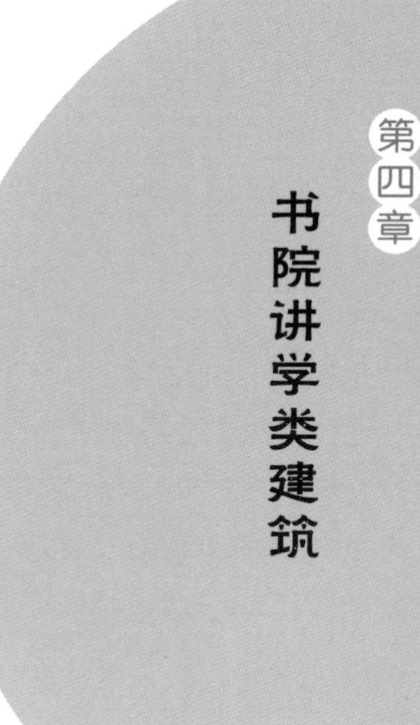

第四章 书院讲学类建筑

从前面讲到的书院平面布局和主要功能来看，传统书院中建筑类型主要有：以讲堂为主的讲学类建筑，以文庙或专祠为主的祭祀类建筑，以藏书楼为主的藏书类建筑，以住宿自修的斋舍为主的住宿类建筑。讲学类建筑是书院的教学中心，也是整个书院功能的核心所在，一般由讲堂、连廊以及讲学广场等组成。在这类建筑中除了进行日常讲学以外，还有学术大师的讲会，地区性的学术交流。书院的讲学区可以说是整个书院中最具公共性的空间场所，书院日常进行的大型活动一般都在讲学区举行，因此讲学类建筑的空间尺度也比书院其他建筑更大，空间也更为开敞。下面从书院的讲学方式、讲堂的布局特征、讲堂建筑的特点三个方面来介绍书院的讲学类建筑。

第一节　书院的讲学方式

中国传统书院是有别于官学和一般私学的一种教育组织，其讲学有其独特的方式。书院特有的讲学方式直接影响了书院讲学类建筑的形制和特点，而书院的讲学方式又受其教学宗旨和教学内容的影响。书院的设立宗旨基本

上可以用“格物、致知、诚意、正心、修身、齐家、治国、平天下”这八个词来概括，书院要求士人端正学习态度，注重个人修养，笃行礼仪道德，不以科举入世为个人追求的目标，因此书院以培养博学多才，有道德有学问，并且胸怀天下，能够有助于国家发展的实用型人才为最终目的。比如：宋代岳麓书院山长张栻就提倡“盖欲成就人才，以传道而济斯民也”；白鹿洞书院学规提倡“博学之，审问之，慎思之，明辨之，笃行之”，讲究“讲实理、育实才、求实用”，主张培养经国济世之才。书院的教学内容没有统一规定和固定模式，时代不同，地域不同，山长不同，课程就会有差别。书院一般把读经书、讲理性、习时艺、考策论等作为主要教学内容，从书院发展历史来看，书院的主持人多为名师宿儒，既热衷于从事培养人才的教育教学工作，又积极从事学术理论的研究与传播，承担着教学与学术研究的双重职责，使得教育教学与学术研究相结合，二者相得益彰。

广义上的书院讲学不局限于讲堂、斋舍之中，祭祀、展礼、游览山石林泉以及名山大川，考察历史名物，都可以看作是讲学方式。而在书院内的讲学一般采用个别讲授和集体讲学的方式来进行。个别讲授是指针对个别学生进行提问、交流和辩论，类似于今天的小班教学和小组讨论。对书院布局与建筑特点影响较大的是集体讲学方式，集体讲学的形式包括升堂讲学、会讲和讲会及从游等。在集体讲学过程中，升堂讲学以及会讲和讲会这两种组织形式具有较强的仪式性，特别是讲会，每个仪式过程都有严格的规定。而从游则相对轻松自在，师生可以在平等融洽的氛围中就任意问题进行探讨，并且发表自己的意见，畅所欲言。

一、升堂讲学

升堂讲学是书院中较为常见的一种讲学方式，一位老师在堂上讲，学生在下面听，属于书院的日常教学活动，类似于今天的常规的班级教学。书院的升堂讲学方式可以追溯到春秋时期的孔子讲学，魏晋时期佛家升高座位的讲说对书院的这一讲学方式也有着深远的影响。

书院的升堂讲学既具有较强的仪式性，又具有相对的灵活性。其仪式性主要通过每次讲学前后的一系列具体的规矩来体现。如康熙年间，岳麓书院学规规定老师每天都要在讲堂讲解经书，在每次讲学开始之前，山长或者副讲等带领学生到大成殿向孔子行拜礼，对孔子的神位四拜之后，再回到讲堂，通过对先圣先贤的祭拜，渲染出学习的神圣性和庄严性。待所有人都回到讲堂之后，引赞高喊“登讲席”；山长、副讲同时登上讲席后，引赞又喊“三肃揖”；行礼后，学生向山长、副讲进茶；然后开始讲学，山长、副讲各讲儒家经典一章，并申饬规约，在讲授经书时，讲师应正襟危坐，严肃庄重，以表达对圣贤的敬意；讲课完毕之后，“复进茶，诸生谢教，引赞喊‘三肃揖’后，方才退教”。书院通过这种礼仪形式，营造出一种庄严肃穆的学习情境，使学生规范自己的行为，提升自己的境界。

升堂讲学的灵活性则体现在讲师的多元化和教学内容自由等方面。升堂讲学的讲师并不限于本院的主教，其他学派的学者也可以在此讲学。在教学内容方面，升堂讲学之前，讲师会给学生指定书目，让学生自学。在讲学当日，学生可以提问，讲师对学生的疑问进行解答，学生的问题可以是与所指定的书目有关的内容，也可以是其他内容。在这一过程中，更加强调的是师与生、生与生之间对于学术问题的思辨和探讨。

二、会讲和讲会

会讲和讲会则是有别于今天常规教学方式的、属于书院独具特色的讲学方式。升堂讲学只有一位老师在堂上讲授，而“会讲”则是有两位或两

位以上的老师共同讲学，对学术问题进行探讨。会讲的主要目的在“会”，为的是学者们相互交流研究心得和探讨学术问题，类似于今天的学术沙龙和研讨会。由于参加会讲的老师学术观点不尽相同，他们经常会激烈地辩论。会讲将不同学派的大师聚在一起，不拘门户之见，共同探讨学术问题，在论辩中互相促进、求同存异，对于培养学生批判性思维有很大帮助。会讲和讲会都是聚会讲学，不同的是，会讲是不定期举行的、临时的聚会讲学，而讲会则是定期举行的，从某种意义上来说，讲会是在会讲的基础上发展起来的。

历史上记载了两次著名的书院会讲：

一是首开会讲之先河的岳麓书院“朱张会讲”。南宋孝宗乾道三年（1167），朱熹从福建崇安来到湖南长沙，与岳麓书院山长张栻进行了长达两个多月的讲学论道，史称“朱张会讲”。朱熹和张栻都是当时颇有名望的理学大家，虽然两人皆是“二程”的四传弟子，但由于具体的学术师承不同，对一些问题产生了不同看法，于是张栻邀请了朱熹来岳麓书院讲学。由于朱熹、张栻二人都是有影响力的著名学者，此次会讲吸引了各地的学子，盛况空前，“学徒千余，舆马之众至饮池水立竭”，为湖湘学派赢得了“一时有潇湘洙泗之目焉”的美谈。此次会讲对二人的影响是双向的，在激烈的质疑、辩论和交流的过程中，他们不断完善自己的观点，逐渐构建了较为完备的学术理论；而且此次会讲的影响力，也绵延了几个世纪。“朱张会讲”之后，四方学子接踵而来，岳麓书院名扬天下。元代理学家吴澄在《重建岳麓书院记》中说：“自此之后……非前之岳麓矣。”更为重要的是，“朱张会讲”树立了自由讲学、互相讨论、求同存异的典范，体现了书院内各学派“百家争鸣”的特色，成为书院区别于官学的一个重要标志。这样的治学方式，到今天都值得推崇和借鉴。

二是比“朱张会讲”晚十四年的“朱陆会讲”。“朱”指的是朱熹，“陆”

指的是陆九渊，两人分别是“道学”和“心学”的代表人物。早在淳熙二年（1175），在吕祖谦的组织和主持下，朱熹和陆氏九龄、九渊兄弟就“为学之方”的问题，于江西信州鹅湖寺进行过一场激烈的辩论，史称“鹅湖之会”。会上，在辩论的过程中，“元晦之意欲令人泛观博览而后归之约，二陆之意欲先发明人之本心而后使之博览；朱以陆之教人为太简，陆以朱之教人为支离”，谁也没有说服谁。六年后，淳熙八年（1181），朱熹邀请陆九渊到白鹿洞书院来讲学时，这场辩论还在继续，陆指朱为“邪意见，闲议论”，朱指陆为“作禅会，为禅学”。但是，朱熹并不因此而持有门户之见，作为东道主，待陆九渊为贵宾。陆九渊应邀以《论语》中“君子喻于义，小人喻于利”一章为题，发表演讲，很受听众的欢迎。据记载，有些学生甚至被陆九渊精湛、透彻的讲说感动得潸然泪下。朱熹也很赞赏，并将陆九渊演讲稿刻石以资纪念，朱熹亲为题跋。现在江西白鹿洞书院里，我们还能看到刻有陆九渊这次讲学的讲稿和朱熹题跋的碑文，这是我国学术史上一份极为可贵的实物资料。自朱陆会讲之后，白鹿洞书院“一时文风士习之盛济济焉，彬彬焉”，与岳麓书院一样，成为宋代传习理学的重要基地。

到了明代，在“会讲”的基础上又出现了“讲会”。“会讲”与“讲会”都是书院聚会讲学的教学形式。“会讲”是不定期举行的，而“讲会”则是定期举行的，一般分为年会和月会两种。历史上的东林书院、紫阳书院、还古书院、姚江书院的讲会都很盛行。讲会发展到后来，已经形成了一种规范化、制度化的教学组织形式，设有专门人员，聚会日期、规约和开讲仪式都较为固定，其宗旨、组织、仪式都以条约的形式规定下来。讲会的组织形式也具有较为强烈的仪式性。在讲会过程中，设有专门的质疑问难环节，使教学和学术探讨更好地融合在一起。除了山长和教师，院外的学者也可以讲学，甚至学生也可以轮流讲学。与升堂讲学相比较，会讲和讲会更加追求不同学派之间思想的碰撞，更加强调与会人员的质疑论辩。在这样一种氛围

中，讲学人员就学术问题探讨切磋，与会人员学会在辩论中思考。可以说，书院的讲会制度追求的是一种“各抒己见、百家争鸣”的学术氛围。中国古代的书院作为一种特殊的教育组织在历史上存续了一千多年，其生命力的来源应该与会讲和讲会这种灵活的教学方式有着密切的联系。

三、从游

“从游”的讲学方式最初是在春秋战国时期形成的，书院继承了“从游”这一优良教育传统。书院里的学生平日里在斋舍或讲堂学习论道，专心于学业，但是久处于这种单调的空间，难免会让人感到疲乏。通过从游，学生跟随在老师左右，走进自然，领略祖国大好河山，在自然之美中学习知识、陶冶性情；并且在与教师朝夕相处中，感受教师的学识和人格魅力，从而在教师的言传身教中潜移默化地完成知识和道德境界的提升。

比如岳麓书院的学生周锷在《岳麓书院课艺・序》中就曾提到，当时岳麓书院的山长罗典经常与学生同游，在歇息时探讨交流学术问题，“夫子之为教也，讲明经义，既使之各有所得于见闻之外，复于游息时随时指点，凡身心性命，处己接物，无不彻夫情理，而使皆旷然有得于心”。在这样一种轻松愉悦的氛围中，大家身边都是志同道合的朋友，沟通交流更加愉悦，并做到“有善相劝，有过相规，疑则可以共析，义则可以共趋，怠惰者群相策勉，勤慎者咸知则效”。同时，这种和谐轻松、自由舒适的情感也会映射在对老师和学业的态度上，老师在这种环境氛围下传授知识，也促进了与学生的自由交流与沟通，师生相处更为愉快。

从书院的多种讲学方式可以看出，传统书院的讲学是一种自由的讲学，这种自由体现在讲学地点的自由、讲学内容的自由、讲学规模的自由、讲学形式的自由，甚至在传统书院中，讲学的老师和听课的学生都是自由的。正是这种自由的讲学方式培养了一代又一代的杰出人才，同时也深刻地影响着书院的建筑布局与特色。

第二节　讲堂的布局特征

讲堂作为教书育人的场所，常常位于书院的中间，是整个书院中最为核心的部分。整个书院的功能往往围绕讲堂展开，如岳麓书院以讲堂为核心（图 4-2-1），左右两旁设半学斋、教学斋，其整体布局按照“讲于堂，学

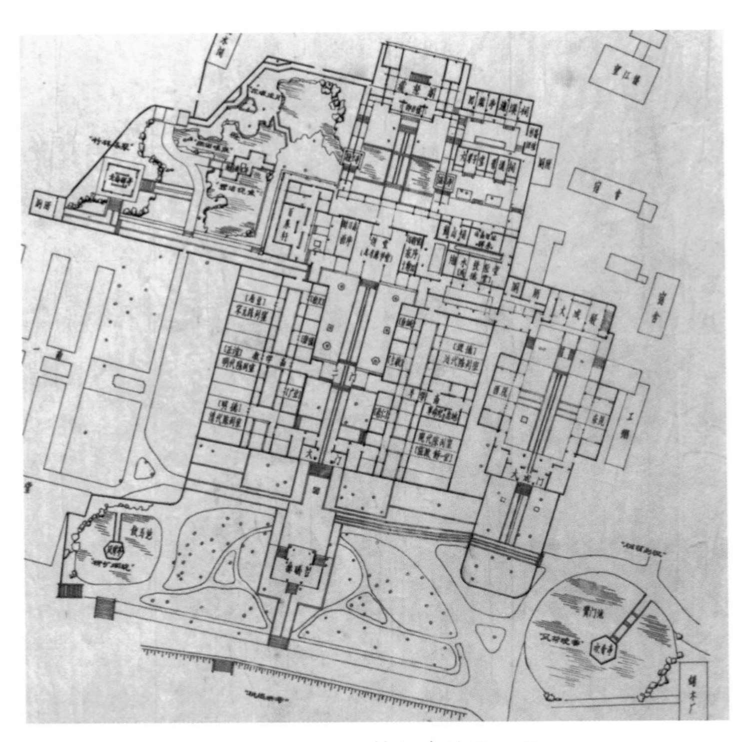

图 4-2-1　岳麓书院总平面图

于斋”的讲学规制建成，这种居住环境，使教师与学生能够在书院朝夕相处，增加彼此交往的频率，促进彼此深入交往。如“白水书院祠堂后四楹为会讲堂，为群弟子肄业所”，还有“宛南书院由大门而入为先贤祠，次为总讲堂，令诸生会文于此，旁建四讲堂，为掌教之所”，以及“西关书院，中建讲堂”，“诸葛书院中建讲堂，左右建斋舍”。同时，讲堂数目视生徒的规模而定，少则一个，多达数个。如“鸿文书院建讲堂一楹”，“崇文书院计造讲堂一所三间”，“西关书院建讲堂三楹”，“叶县问津书院建讲堂四楹”，“宛南书院有总讲堂和讲堂五所”。此外，南湖书院（图 4–2–2）也依据学生教

图 4–2–2　南湖书院

育程度不同分别设置左右两个讲堂，形成“门厅→讲堂→祭殿”和“门厅→讲堂→藏书阁”的并列格局（图 4–2–3）。

讲堂不仅位于书院最为核心的位置，而且其前院往往也是书院中最大的

图 4-2-3　南湖书院讲堂——启蒙阁

院落之一。会讲之时，众生云集，宽敞的前院空间也将作为讲学的功能来使用。除了具有讲学功能，讲堂还是举行公共活动和仪式的场所。如书院每年的开学仪式通常在二月上旬，放假仪式通常在十二月上旬，都在讲堂举行，常称为“启馆”“散馆”，一般由地方行政长官主持，场面十分隆重。此外，讲堂的基本功能是讲学，但书院从本质上看仍然是“学校”，这就必然存在着考试，讲堂也就成了书院考课的基本场所。比如“内乡菊潭书院，岁考即在书院讲堂”，“咸丰三年冬，王公麟就叶县昆阳书院讲堂遗址，扩而大之，为书院岁考之所”。而且多数书院讲堂的前部对前庭完全开敞，必要时还可以临时扩大，灵活地利用室外空间，以增加其容量。这些因素都使得讲堂的使用空间除了自身范围，还包括了以讲堂为中心所辐射的庭院、廊道空间，扩大了讲堂及其院落的范围，形成书院中最大的院落。

讲学和祭祀作为书院重要的两大功能，这两大重要功能在很大程度上

决定着整个书院的基本格局。对讲学类和祭祀类建筑的位置关系进行梳理，总体来说，讲学类建筑与祭祀类建筑在布局上存在前后、左右及二者合二为一三种形式。

一、讲学类建筑与祭祀类建筑前后布置

讲学类建筑与祭祀类建筑两者前后布置是书院中较为常见的空间布局，其前后关系也可具体分为讲堂在前、祭堂在后，祭堂在前、讲堂在后及讲堂位于祭祀建筑之间三种布局形式。

1. 讲堂在前，祭堂在后

书院强调教化功能，所以在平面布局形式上，往往把讲堂作为书院的主体建筑，放置在中轴线上靠前的位置，用山门、仪门（也可不设）及院落作为空间铺垫，来烘托气氛，确立讲堂“尊者居中”的地位。而先贤祠堂等祭祀类建筑，作为书院的精神殿堂，为了方便书院内部人员及外来者的参拜，一般安排在讲堂大殿之后。这样的布局形式，既突出了书院以讲学为中心的教育功能，又宣扬了书院尊师重道的传统精神，同时，书院讲学教育所要传继和发扬光大的文化传统正是来源于祠堂中所供奉的先师先圣，所以，书院祭祀建筑的地位要高于讲堂。如果说讲堂是使先圣先贤精神发扬光大之地的话，那么祠堂、祭殿正是这种精神的来源地，将它们设在讲堂之后，也正是合乎礼制的体现。

讲堂在前，祭堂在后的布局在现存书院中较为常见。例如：勺庭书院，讲堂居中，后为山长住所，左为先圣礼殿，右为薄公祠，祠堂前左右屋舍各十间，次为监院厅用以藏书。关中书院前院为学子问学修习之地及教习寓所，设置东廊、西圃及“继往开来”牌坊，后院为奠祀区及学子斋舍，精一

堂为后院之中心建筑，其内正中设道统神主，两侧为正学、理学名臣神主。翠屏书院前为讲学所、讲堂，讲堂后为祭堂。洣泉书院轴线上建筑依次为门厅、讲堂、拜亭及大成殿（图 4–2–4）。门厅后即为讲堂，其讲堂作为书院中等级最高的建筑，是二层楼阁形式。讲堂的后面，也是书院尽端，则设置的是祭祀建筑——拜亭、大成殿。拜亭，用以举办祭祀活动，大成殿则用来供奉孔子牌位，形成

图 4–2–4　洣泉书院

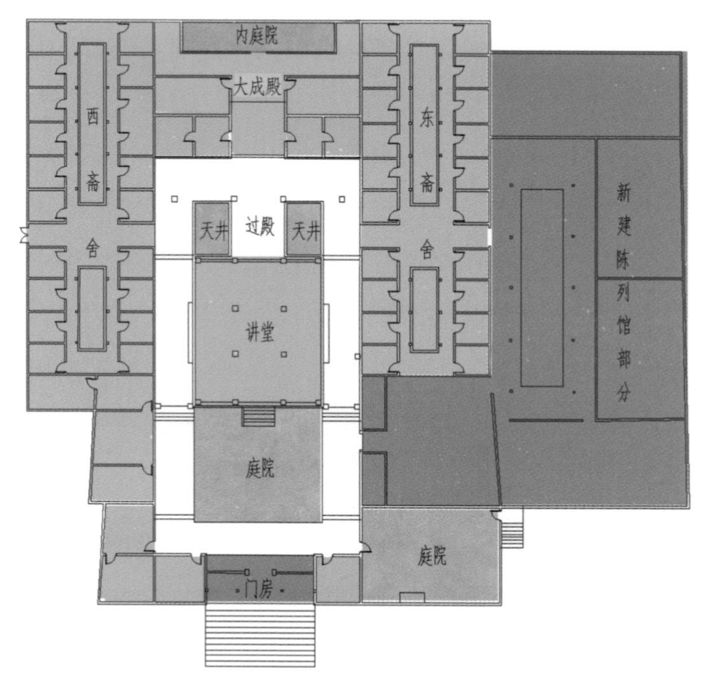

图 4–2–5　洣泉书院平面图

图 4-2-6 河北保定莲池书院

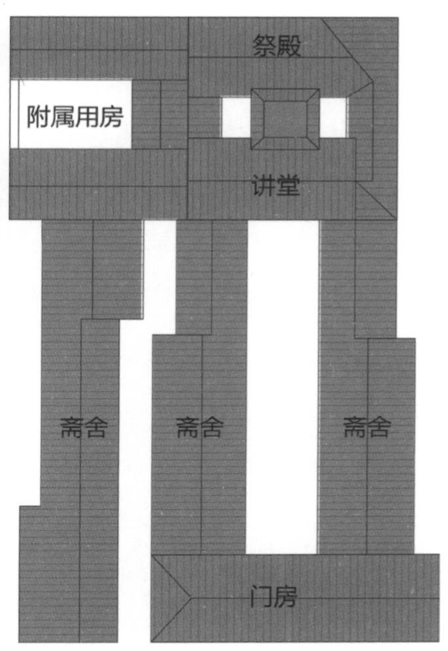

图 4-2-7 五阳书院平面图

门厅→讲堂→拜亭→祭殿的基本空间布局（图 4-2-5）。始建于光绪年间的河北保定莲池书院前为讲堂，后为圣殿（图 4-2-6）；五阳书院亦是讲堂在前，祭殿在后的布局形式（图 4-2-7）。

2. 祭堂在前，讲堂在后

讲堂建在祠堂的后面，两者都处于书院的中间。祭祀类建筑设置在讲学类建筑的前面，可以使学生随时瞻仰先贤，耳濡目染中自然传承文化传统，潜移默化中起到“推重学统，加强教导”的作用。此类形式也较为常见，如“白水书院祠堂后四楹为会讲堂，为群弟子肄业所”，“宛南书院由大门而入为先贤祠，次为总讲堂，令诸生会文于此，旁建四讲堂，为掌教之所”，“万历二年，南阳知府程逊于志学书院讲堂前建二忠祠”，“内乡菊潭书院于书院正房建立先贤祠”，“问津书院前殿设宣圣主子路、长沮、桀溺东西配置”。

图 4-2-8　嵩阳书院

3. 讲堂位于祭祀建筑之间

讲堂位于祭祀建筑前后之间。有些书院存在不止一处的祭祀类建筑，祭祀建筑位置也较为自由，而讲堂依旧处于书院的核心位置，往往形成讲堂位于祭祀类建筑之间的位置关系。比如嵩阳书院（图 4-2-8）祭祀的主要建筑有先圣殿和道统祠，分别位于书院第二进和第四进院落，先圣殿（图 4-2-9）供奉孔子，道统祠（图 4-2-10）供奉尧舜禹，形成两个一前一后的祭祀空间，而讲堂（图 4-2-11）

图 4-2-9　嵩阳书院先圣殿

图 4-2-10　嵩阳书院道统祠

图 4-2-11　嵩阳书院讲堂

作为教学空间的主要建筑，位于先圣殿和道统祠之间，处于整个书院正中间，也是书院最核心的建筑。

二、讲学类建筑与祭祀类建筑左右布置

有些书院由于受周边环境和地形地貌的影响，无法形成中轴对称式布局，如南北方向过于狭窄，在这种情况下，整个书院则会采取多条轴线进行布置的方式，形成讲学类建筑与祭祀类建筑左右布局的位置关系。这种布局形式在江西书院中较为常见，它们将讲堂、藏书楼与其他建筑分开，各成院落，并以讲堂和藏书楼作为主轴，其他轴线与之并列，以适应不同功能的需要，这种主次分明的多轴布置方式也更能显出书院主体建筑的庄重和气势。比如九江庐山五老峰脚下的白鹿洞书院，根据书院功能需要形成了以御书阁、明伦堂为主轴，以祭祀建筑和厢房为副轴的多轴并列式布局。再如金溪仰山书院，它以讲堂所在轴线为主轴，祭祀、藏书等其他建筑自成轴线分列两旁，形成了三轴并列的布置方式。

此种类型还见于兴国潋江书院、沅溪书院。在潋江书院中，主要建筑沿两条南北向的平行轴线布置，书院主轴靠西，从南至北依次为门庭、讲堂、拜亭、魁星阁、文昌宫等建筑；次轴居东，其南北两端分别为牌坊和崇圣祠，讲堂与崇圣祠左右分布。沅溪书院作为湘西现存最早的书院，其布局中轴线上自西向东依次为书院大门、讲堂、先师殿（二楼为藏书楼），礼殿及文昌阁院落位于讲堂右侧，鹤公祠及其院落位于讲堂左侧。

三、讲学类建筑与祭祀类建筑合二为一

讲堂、祭殿合二为一于一处设置，此类布局常见于较小型书院。如雩江

书院、金华鹿田书院、侗族恭城书院均为此类设置方式。

雩江书院门厅后方为拜亭，拜亭后方建筑明间兼具讲学与祭祀双重功能，稍间用于藏书，布局形式为门厅→拜亭→讲堂（祭殿），形成学、祭空间合二为一的格局。

鹿田书院，作为金华城区内现存仅有的一座传统书院，也采用讲堂祭殿合一的形式。北宋时期曾经为鹿田寺，香火鼎盛，朱熹也曾在此传播理学之道。现存的建筑群格局大体保持了清代光绪年间的样貌，书院建筑整体坐北朝南，主体建筑门厅、穿廊和讲堂（祭殿）依次布置在中轴线上。祭殿处于正厅明间位置，面积大小为 3.9 米 ×5.8 米，祭殿也曾经作为讲学之地。

恭城书院，作为现存最完整的侗族古书院，距今已有 200 多年历史，其讲堂与礼殿也为合用形式。恭城书院讲堂是两层，底层是一面全开敞的堂屋，正中摆放着孔子像，亦作为讲堂供讲课用；二层用作藏书阁，为木构穿斗式结构。

第三节　讲堂建筑的特点

书院的讲学方式决定了讲堂建筑的位置及建筑特点。比如王阳明在稽山书院讲学时，“先生每临席，诸生前后左右环坐而听不下数百人”。《东林会约》则记，“入讲堂，东西分坐”。《虞山书院志》记“会约”，亦谓听者“东西相向坐于地”，此类讲学方式的讲堂大多是面阔大于进深或与进深相同的横向形式。此外，“联讲会，立书院”，书院讲会延续到清代，在东林、紫阳、还古、姚江等书院还很盛行，形成了一套严密的制度、仪式。书院的讲会自由讲学，打破了关门教学的旧习。当年朱熹访张栻于岳麓书院讲学，来

听讲者很多，“一时舆马之众，饮池水立涸”，为了使讲堂的空间得以延伸扩大，能够容纳更多的学者，讲学空间一般由讲堂、前后檐廊和天井庭院共同组成，形成封闭式、前廊式、敞开式、通道式四种主要的空间分布类型。

一、封闭式讲堂空间

封闭式讲堂空间是指整个书院中教学区仅仅设置讲堂，四周既没有廊道，也没有夹壁，这样的讲堂形式在北方书院中较为常见，多见于规模比较小的家族书院中。比如凤起书院，讲堂位于二层，空间较封闭，有利于隔绝外部的喧嚣，供子弟读书之用。同时，户昌山村位于群山之中，夏季闷热，潮湿多雨，因此凤起书院的讲堂当心间前檐墙向后退约半间尺寸，形成“凹”字形平面，凹退处墙上开有花窗，用以解决采光和通风的问题。文明书院的讲堂也位于书院的二层，属封闭式讲堂。

二、前廊式讲堂空间

前廊式的讲堂多处于两进院落的最后一进。通常讲堂为完整的建筑单体，三面有墙体围合，单开间或多开间不等，前有檐廊或柱廊，讲堂与前廊之间或完全开敞，或设槅扇门，槅扇门可完全打开。前廊不但能够遮风避雨，

图 4-3-1　岳麓书院前廊式讲堂

而且也是讲堂与室外空间的过渡，成为讲堂空间的拓展区域。比如岳麓书院（图 4–3–1）、资兴观澜书院、松涛书院、鉴湖书院、濂溪书院、龙门书院、上书房、下书房、桂山书院、杜门书院均为前廊式的讲堂。

三、敞开式讲堂空间

由于“旁听”者多，讲堂再大，也难以容纳，因此敞开式讲堂前均有一个较大的庭院，该庭院通常也是书院最为宽敞开阔的地方，讲堂前面对前庭完全敞开，使讲堂的空间得以延伸扩大，方便师生切磋，对话交流，也有利于以老师为中心的研讨式教学。比如“瑞光书院，中间有一大厅堂，可容三百余人听讲”。此外，薛侃在中离书院讲学时，“诸生前后左右环坐而听不下数百人”。海阳南溪精舍“入讲堂，东西分坐”。太极精舍“会约”，亦谓听者“东西相向坐于地”。莲峰书院前设有 8 米 ×7.2 米的前庭，犹如一个小广场。明代潮州籍名臣翁万达，少时家境穷困，无钱缴费入书院读书，由于书院教育面向社会，凡是有志的学者，均可前往书院听讲，于是翁万达少时常常到书院听讲。

四、通道式讲堂空间

通道式的讲堂多设置在多进院落的中厅位置，前为入口门厅，后为祭祀建筑。讲堂两侧以夹壁围合，单开间或多开间不等，前后不设墙体或槅扇门窗，兼具讲堂、通道的作用。通道式的讲堂将室内空间和前后庭院的室外空间贯通，扩大了讲堂的使用面积，不仅能容纳更多的听众，而且也利于采光和通风。如云头书院、乳源观澜书院、元盛书院均为通道式的讲堂。

第五章 书院祭祀类建筑

祭祀是我国传统书院一个极为重要的内容组成部分，“凡治人之道，莫急于礼，礼有五经，莫重于祭”，“书院之建，必崇祀先贤，以正学统”。书院祭祀蔚然成风，成为书院的重要特征之一。书院作为祭祀礼制性建筑和讲学实用性建筑的有机组合，一般布局为前庙后学或左庙右学，也有两者交织在一起的，但礼制性建筑在书院建筑中始终占主导地位。若在书院内设祭祀孔子的大成殿，则必定位于中轴线，而且处在最重要的位置上，其建筑规格也必须高于讲堂和藏书楼等。若一座书院内有多所专祠建筑，其位置也必然按照上下等级的礼仪规范，这种布局也正是儒家“礼乎礼！夫礼所以制中也”的观念及尊师重道文化精神的充分体现。在书院修建中，也往往先有祭祀建筑后设书院。如昔阳文昌书院建于县文昌祠基础上，乾隆十九年知县鹿师祖在乡绅中劝谕，得钱若许重修文昌祠，后起盖后楼，撤去戏台，改文昌祠匾额为文昌书院。平定嘉山书院也是先有祭祀建筑后成书院的典范。元至正年间，平定知州刘天禄将涌云楼改为四贤堂，祭祀金代礼部尚书赵秉文、吏部尚书杨云翼、左司郎中元好问、翰林学士李冶，后加祀元代翰林编修王构、左相吕思诚，改四贤堂为六贤堂，之后历代加祀名士，六贤堂也更名为崇贤堂，乾隆三十三年（1768），在崇贤堂基础上修建了嘉山书院。

书院祭祀具有严格的程式和规则，一般由山长主持，也有由当地行政长官或监院主持的。祭祀分祭典释奠和释菜两类。所谓释奠，即奠先圣先师的典礼。《礼记·文王世子》也有“凡学，春，官奠于其先师，秋冬亦如之。凡始立学者，必释奠于先圣先师，及行事必以币”的释奠记载。而释菜，也是祭奠先圣先师的礼仪，但较释奠礼为轻，一般在学校开学时举行。《礼记·学记》云“大学始教，皮弁祭菜，示敬道也”。郑玄注“祭菜，礼先圣先师，菜谓芹藻之属”。“释菜”也可读“舍菜”，解释为“置菜”，即放置菜蔬于先师祭位之前，以通其神灵。释菜的祭品多为芹、藻之类常见的菜蔬，并不名贵。此外，每月朔望书院也要举行祭礼，由山长主持，同时每日要“早晚堂仪”，具有一套严格的规矩。

除了程式和规则严格，祭祀顺序也有所讲究。书院祭祀分不同祠宇进行，不仅时间有先后，规模也不同，这主要是根据每个祠宇供祀的对象不同，身份地位不同而有所区别。同治兴国县孔志书院在书院条规中记载了祭祀的行礼过程：“一朔望诸生随掌教瞻拜先贤周子，次诣先贤三程祠，肃拜礼毕，升堂掌教受揖，诸生三揖退。”按照先周子、后三程先生的祭祀顺序，也体现了周敦颐在理学方面开山鼻祖的重要地位。此外，白鹿洞书院祭祀也是分不同的祠宇，按时序依次展开。仪式规模较大的是礼圣殿，也就是供祀孔子、孟子的祠宇，不仅有释奠之礼还有释菜之礼，祭祀时间也最早，最后是忠节祠和颜鲁公祠祭礼，及其他祠宇祭礼（图 5–1）。

图 5–1　白鹿洞书院礼圣殿

为了体现祭祀的重要和独特，祭祀类建筑在设置上与讲堂设置也有着明显的区别。书院在祭祀的同时也借由纪念先贤来教化后辈，为了体现祭祀活动的重要性，祭祀类建筑在布局上体现出明显的独立性和封闭性。书院布局越后越尊贵，轴线前后建筑，具有明显的主从性质。讲堂、祠堂一般都居中或靠后，尤其是先圣殿、先师祠、文昌阁以及魁星楼大多居后，是至尊的象征。虽然有些书院出于各种原因，祭祀建筑不一定处于中轴线的后端，如岳麓书院文庙建在书院内左侧，专祠区建在书院内右侧，琴峰书院三公庙建于书院内右侧，义举祠置于书院内左侧，但仍处于书院院落的靠后或核心位置；有些书院的祠区甚至自成院落，凸显了其独立性；有些书院由于受官学影响，院内不设祭祠，而在书院外另设文庙祭祀，如榆次凤鸣书院、平遥超山书院等，因此也形成较为独立的祭祀形式。

第一节　书院祭祀的类型

书院祭祀建筑的类型，总体上可以分为两类，其一为以祭祀人物为主的殿堂、拜亭、祠庙等建筑，其二为以祭祀神灵为主的阁楼、祠庙。

一、以祭祀人物为主的建筑

祭祠也可称为祭殿、先贤堂，是供奉和纪念学派宗师、文化名人、建院功臣以及举行祭祀活动的场所，一般位于讲堂之后。这也体现了中国传统教育非常重视学统和师承的特点。儒家思想是古代中国的统治思想，具有原则指导性，是大家都要遵循的，因此祭祀孔子及其门下贤哲是必不可少的。在一些由地方官员主持创建或重建增修的书院，则多设礼殿供奉孔子，特别是

有些未建孔庙的地方，书院几乎就成为地方祭孔的场所，如岳麓书院的大成殿。

除了祀奉孔子外，学术流派人物、著名学者、书院创始者或对书院建设有过重大贡献的人也是祭祀的主要对象，所以一些书院除修建专门祭祀孔子的殿堂之外，还建造自己独特的专祠。所谓专祠，即专门祭祀某些人的祠庙。在理学取得正统地位之后，书院较普遍地供奉“宋儒五子”——周敦颐、程颢、程颐、张载、朱熹。清代经学书院，则不供奉宋儒，而专供奉汉儒许慎、郑玄等，反映其学术思想的不同。以岳麓书院为例，就有濂溪祠、四箴亭、崇道祠、六君子堂、船山祠等专祠。濂溪祠祭祀宋明理学的创始人周敦颐，岳麓书院以宋明理学思想为教学理念，宋明理学的鼻祖自然也是首要祭祀的对象。四箴亭（图 5–1–1）祭祀的是宋明理学史上仅次于周敦颐的重要的人物——

图 5–1–1　岳麓书院四箴亭

程颢、程颐。崇道祠祭祀的是张栻和朱熹，张栻为宋代大儒，也是当时岳麓书院的山长，朱熹为宋明理学的杰出代表，自然也是祭祀的对象。而六君子堂祭祀的是对岳麓书院建设和发展做出重大贡献的六位先贤。船山祠祭祀的是曾在岳麓书院读书的著名哲学家王夫之。书院专祠建筑体量往往并不大，也没有恢弘壮丽的色彩，风格多朴素淡雅又不失庄重，透露出肃穆的氛围，让人顿生崇敬之意。不仅如此，如果众多专祠安置一处，其位置关系也必定符合礼的秩序，即按照人物地位高低排序。这也体现了书院祭祀对“礼有五经，莫重于祭”的重视。其他书院也常常设置专祠。如天镇紫阳书院以宣扬朱熹之学为宗旨，因此塑朱子像于祭殿内，以“使离经叛道之志不敢萌，是非异同之说不敢争，将以讲鹅湖、鹿洞之规，接杏坛、邹峰之传，而明真儒之大道”。另有海南儋州东坡书院奉祀苏轼等，莲池书院也建有绪式廉祠，南溪书院建有韦斋祠及文公祠（图 5–1–2，图 5–1–3）。

图 5–1–2　南溪书院韦斋祠

图 5-1-3　南溪书院文公祠北立面

此外，书院祭祀对象还包括地方官员及书院所在地的乡贤，如“内乡菊潭书院于书院正房建立先贤祠，祀孔子并附内乡先贤巫马施、范宁、李宗木、赵经、钟宇淳、谢君敬、王道生等，使书院肄业者有所观感效法”；百泉书院“文庙初名十贤堂，祀濂溪以下十贤。位皆南向。后南向祀孔子乃列诸贤于左右，又益窦、姚二氏附享”；太原三立书院原祀奉王通、司马光、薛煊三位山西名士，后增祀山西历代名宦乡贤；东林书院建有丽泽堂、依庸堂、燕居庙及专祠明代常州知府欧阳东凤、继任知府曾樱、无锡知县林宰三人的三公祠（图 5-1-4~ 图 5-1-7）。

图 5-1-4　东林书院丽泽堂

图 5-1-5　东林书院依庸堂

图 5-1-6　东林书院燕居庙

图 5-1-7　东林书院三公祠

二、以祭祀神灵为主的建筑

在书院祭祀中，除了祭孔子、学术代表、先贤名儒等人物外，也有以神灵为主的祭祀，此类祭祀中常将文昌及魁星两位星君作为最主要的祭祀对象。明清时期尤其是在清代，民间书院将魁星楼与文昌阁列入书院祭祀建筑行列中，书院中魁星楼、岳神庙、奎光阁、文昌阁等就属于这一祭祀类型。魁星楼所祭拜的“魁星”为中国古代神话中被喻为主宰文章兴衰之神，文昌阁所祭拜的“文昌帝君”则是道教尊奉的掌管士人功名禄位之神，“以魁为文章之府，故立庙祀之”。魁星也作“奎星”，据说魁星形象极像鬼魅，赤发蓝牙，手握朱笔，被点中者即可高中。文昌君为天上文曲星，与魁星一样主管文运。因此，书院中常常设有魁星楼与文昌阁。魁星楼和文昌阁一般都为楼阁形式，多作攒尖顶或歇山顶，所在之处要么在一地的最高处，要么在一地的中心点，既标示了当地的文风之盛，又可为学子们提供祈求文运的场所。其设置地点也更为灵活，院内院外均可，如揭阳宝峰书院魁星楼就在书院内，潮阳东山书院魁星楼虽在东山，但在书院外。岳麓书院在清朝时期，除了恢复重建明朝已有的文庙、朱张祠、四箴亭、六君子堂、道乡祠外，也建设了主管文运功名的文昌帝君的文昌阁，以及祭祀神话中主宰文章兴衰的魁星的魁星楼。秀容书院、竹山书院、叠山书院等也建有文昌阁及魁星楼（图 5–1–8~ 图 5–1–11）。

书院在祭祀文昌、魁星的同时，还祭祀其他的神祇，寄托世人的美好愿望。应山县永阳书院祭祀土地神，汉口紫阳书院祭祀后土神，寄托了世人希望风调雨顺、五谷丰登的美好愿望。随州汉东书院建有炎帝殿，祭祀神农炎帝，亦是寄托了希望农业丰收的美好愿望。

图 5-1-8　秀容书院文昌阁

图 5-1-9　秀容书院魁星楼

图 5-1-10　竹山书院文昌阁

图 5-1-11　叠山书院文昌殿

第二节　书院祭祀与学宫祭祀的区别

中国古代学校有官办和民办两种体制。官办的叫学宫，即各地的府学、州学、县学，民办的就是书院。从汉朝开始，古代中国开始形成比较系统的官学体系。到了唐代官学与科举制度相结合，地方官学按照地方行政区划建设祭祀孔子的孔庙和学宫。如国子监就是典型的学宫，地方学宫一般为合院式布局，学宫通常和文庙一起设置，官办的学宫必有单独专设的文庙。

学宫祭祀的主要对象为孔子，核心空间是建在高台之上体量高大的大成殿，殿内供奉孔子塑像，事祭祀行礼的用途。作为祭拜空间，大成殿气氛庄重肃穆，突出了孔子的崇高地位。通常殿前有由宽敞月台、东西庑围合的殿庭，起烘托大殿的作用。戟门两侧也常设有更衣所、祭器库、礼器库，皆为祭祀服务，为行典者提供祭祀准备的礼器与换装场所，功能齐全。某些学宫祭祀建筑，在大成殿内除了祭位主祀孔子塑像外，左右也配以四配（颜子、曾子、子思、孟子）塑像、十二哲牌位配享从祀。而在书院祭祀中，往往不够资格专设文庙，只能在书院中辟一殿堂祭孔。只有极个别大型书院才有专设的文庙，如湖南长沙的岳麓书院是全国闻名的最大书院之一，而且历朝历代得到皇帝的恩宠，所以它专门建有单独的文庙。即使是和岳麓书院齐名的四大书院之一的江西白鹿洞书院和河南嵩阳书院等都没有专设的文庙，只是在书院中设有祭祀孔子的殿堂。

现存的学宫建筑较少，其保存情况很差，皖南地区芜湖学宫、绍兴府学宫都是浙皖地区为数不多的现存学宫。历史上还有杭州府学宫、金华府学宫、诸暨县学宫、新昌县学宫等。在浙皖地区现存文庙还有旌德文庙、崇德文庙、衢州文庙、宣城绩溪文庙等。

学宫建筑装饰集道家文化、儒家文化于一体，内容丰富，大量运用龙凤等官式建筑装饰的内容，等级相比于书院建筑高出许多，与传统书院相比华丽复杂很多。

在祭祀对象设置上，书院祭祀也不同于学宫祭祀。书院祭祀一般不设置塑像，由朱熹提倡以画像或木质牌位来代替，上面写明被供奉者的尊号，所以祭堂并不需要很高大的内部空间。虽然两湖民间书院的祭堂很多以大成殿命名，但其建筑体量与“殿堂”实不相符。一般民间书院最后一进建筑面阔三开间，仅有中间一间是作为祭殿使用，侧室一般都是藏书室、老师的住所或其他附属功能用房。例如洣泉书院，祭祀仪式在最后一进大成殿进行。

在建筑功能布局方面，官学的学宫祭祀更为完备。学宫在教学区右侧有完备的祭祀建筑群，祭祀和教学并列两条轴线。而民间书院则不同，即便是形制最为完整的沅溪书院，虽有祭祀轴线关系，却没有整体祭祀建筑群，只有单独两个祭祀建筑——礼殿和文昌阁。

第三节　书院祭祀建筑的特点

对德育十分重视的中国传统书院往往会为祭祀活动设立相对独立的祭祀空间，以供奉和纪念不同学派的大师、名人以及对书院有贡献的功臣。如教学区以讲堂为中心展开一样，大多数书院祭祀区都以祭堂或祭祠为中心构成其基本布局形式，但在祭祀区中不仅仅有祠、堂、殿等建筑形式，也存在着一些具备祭祀性质的碑、亭、廊等有纪念之意的建筑小品的存在，其建筑形式较为多样。

因此，在建筑形式多样化及书院背景、规模大小各异的共同影响下，古

代书院形成了对于祭祀空间的不同处理手法。例如：书院可能设有专用的祭殿，也可能是将祭祀与其他建筑合用的祭室；有些书院仅有一处祭堂，也有的书院因背景丰富等而设立多处祭堂，如文华书院（图 5–3–1）在保留原先文庙的文昌阁的同时，还于书院讲堂之后，顺应中轴线纵深依次设立大成殿、成德堂，并于中轴左侧轴线设立武圣祠（关帝庙），呈文武齐全之态。

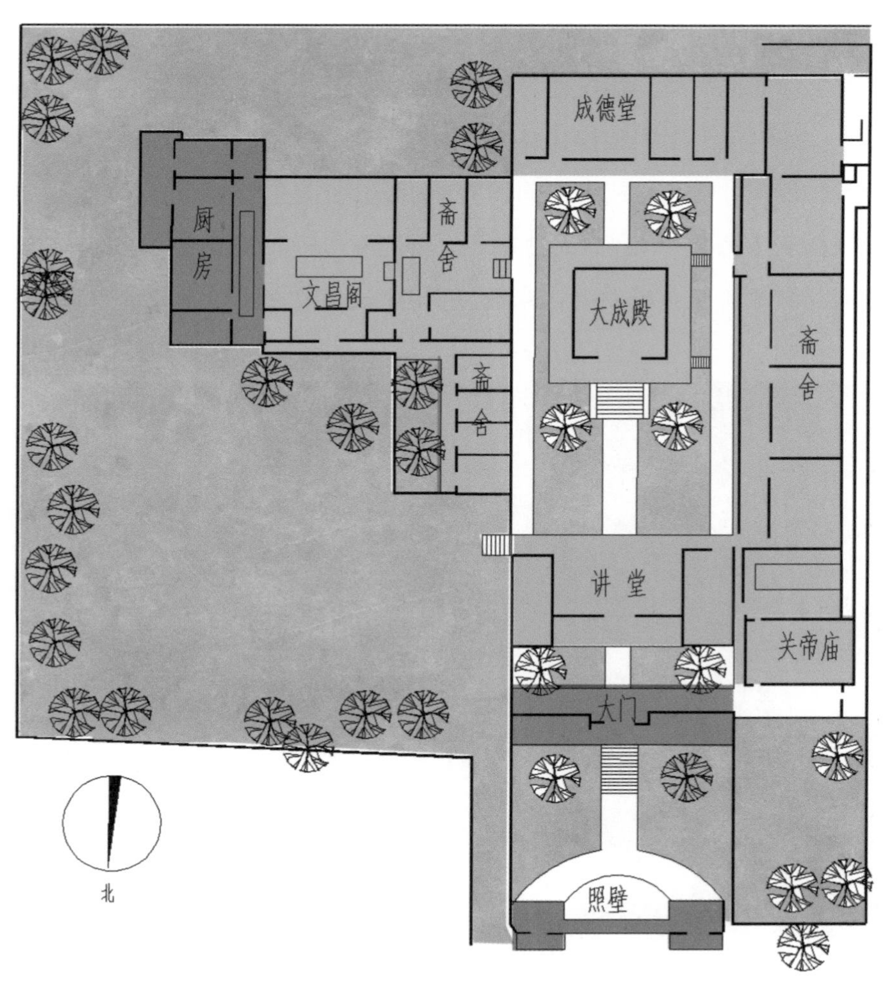

图 5–3–1　文华书院平面图

当然，也有一些较小型的书院，祠、庙四周无房舍围墙环绕，但周遭环境仍有一定的空间，这样的情形也可以认定为狭义上的祭祀空间。此外，清代部分书院将魁星楼与文昌阁也列入书院祭祀建筑的行列中，如襟江书院就设有“文昌魁星楼”。对魁星、文昌帝君二者的祭祀，表明学生对于科举金榜题名的诉求，具有功利色彩，这说明后期的书院逐渐走向了官学化、世俗化。

祭祀区的位置随时代的变迁，有着许多变化。一般而言，保留至今的书院在多数情况下会将祭祀区布置在讲堂之后、中轴线上，或另行设定的次要轴线之上，但在古代，祭祀建筑却常设置在讲堂之前，处于空间序列较前的位置上。如湖南岳麓书院曾将祭祀礼殿设于讲堂之前，即现在建筑群中的二门位置，后来才将孔庙迁于左侧，另设轴线成完整空间序列，自此形成如今的建筑格局（图 5-3-2）。无独有偶，留存至今的应天府、嵩阳等书院在古代皆有此做法。而此后书院将礼殿置于讲堂之后的原因主要有以下三方面：

图 5-3-2　岳麓书院鸟瞰图（图的右侧轴线为文庙建筑群）

一是中国古代建筑群以中轴序列纵向展开，建筑位置靠后则显尊贵，因此置于讲堂之后则顺理成章；二是其自身功能特征表现出明显的内向性，且祭祀活动举行频率较低，如此布置也使得私密性得到保障；三是为突出书院讲堂及讲学功能的核心地位，学术的精神根源置于其后。

在精神塑造方面，书院祭祀区中的礼殿往往需要一个庄严肃穆的空间氛围。礼制建筑于其外部空间设计上，通常会考虑设置一个肃静的空间以作引导，当人们在引导空间中行走时，可以将视觉焦点锁定在礼殿建筑上，产生庄严之感受。在民间书院之中，礼殿引导空间通常是以拜亭的形式出现，在其两侧多是矩形狭长天井式院落，且天井中往往蓄水、植树，以此营造出宁静、安详的庭院空间（图 5-3-3）。人们穿越引导空间可以理解为一个“洗礼”仪式：通过一个宁静祥和的过渡空间，人们从繁杂世俗的外部世界进入一个洁净脱俗的圣地，这样的过程会给人带来一种虔诚的

图 5-3-3 白鹿洞书院泮池、状元桥

心理效应。

礼殿的内部空间结构也同样是祭祀建筑重要的内容之一，建筑内部的演变与历史、人文活动有着密切的联系。自宋代朱熹提倡直到清代，礼殿内以画像或木质牌位逐渐替代了塑像，牌位上只需写明被供者尊号，这便与古代寺庙产生了区别，同时出现差异的还有建筑的内部空间。虽然书院中的祭堂常以大成殿命名，且建筑规格往往高于讲堂、藏书楼，但由于祭祀的对象不再是塑像，无需高大的内部空间，因此其建筑体量便与“殿堂”实不相符。一般的民间书院最后一进建筑面阔三开间，仅当心间（即建筑中间一间，中国古代建筑长宽以间为单位，两柱之间即为一间）作为祭殿使用，侧室一般为藏书室、教师住所等。例如洣泉书院祭祀仪式在最后的大成殿进行，因建筑体量不大，祭祀活动通常从大成殿延伸至室外拜亭，学生祭拜时立于拜亭前，然后侧入礼殿，因此拜亭也就成为了重要的祭祀活动空间。由于与讲堂的功能性不同，礼殿在空间组构上通常表现得较为封闭、独立，以体现祭祀活动的庄重与肃穆。

传统书院祭祀建筑形式与空间布局虽情况各异，但总体遵循着以礼殿为尊，或将其置于中轴序列的最后一进院落，或将其单独设置成左庙右学之制（古代以左为尊），这种等级的礼仪体现出儒家所倡导的“礼乎礼！夫礼所以制中也”的观念以及尊师重道的文化精神。多层次的空间序列，结合礼殿建筑形式及其前庭引导空间，即便是在今天，我们从建筑中也能感受到古代祭祀活动的神秘与庄重。

第六章 书院藏书类建筑

第一节　书院的藏书与印书

传统书院在诞生之初实为藏书之所，“书院之所以称名者，盖实以为藏书之所，而令诸士子就学其中者”，藏书、校书、修书是书院建筑最早的功能，书院因藏书而得名。据史料记载，唐朝丽正书院是历史上最早的书院之一，是为朝廷保管经籍、修书等的重要机构。可见唐朝书院其实类似于现代的图书馆，而书院的讲学功能则是后来逐渐发展产生，成为其主要功能的。宋元明时期书院藏书功能的地位一直下降（藏书地位下降并非朝廷对其不重视，而是讲学在书院中地位的逐渐提升），直至清代才又兴起，相较之前甚至可以说是十分兴盛。

清代书院的藏书事业能得到发展与朝廷的支持是分不开的，康熙、乾隆分别给白鹿洞书院、岳麓书院（图 6–1–1）等赐书。虽然皇帝赐书量十分有限，且赏赐的也只是最为著名的几所书院，但其行为对社会有着极大的影响，大大推动了地方官员对当地书院藏书的支持与重视。据记载，乾隆元年（1736）礼部复准：“各省会城，设有书院，亦一省人材聚集之地，宜多贮

图 6-1-1　岳麓书院御书楼内景

书籍，于造就之道有裨。令各督抚动用存公银两，购买《十三经》、《二十一史》，发教官接管收贮，令士子熟习讲贯。”乾隆九年（1744）朝廷又复议书院之事：“各省学宫陆续颁到圣祖仁皇帝钦定《易》、《书》、《诗》、《春秋传说汇纂》及《性理精义》、《通鉴纲目》、《御纂三礼》诸书，各书院山长自可恭请讲解，至《三通》等书未经备办者，饬督抚行令司道各员，于公用内酌量置办，以资诸生诵读。”清朝统治者们不仅下诏明令地方政府购置图书以支持各地书院的藏书事业，甚至准许地方可动用公款购置图书。书院藏书功能的地位再次得到了巩固，并明确了其不可或缺的重要性，因此竭力发展藏书事业成为了清代各新旧书院的共同特征。

书院的发展经历千年，尽管藏书事业应时代之差而表现多有不同，但也有着其相对稳定的特征：

一是书院藏书普遍受到重视。虽然讲学地位逐渐赶超藏书功能，但书院始终对自身的藏书事业有着不同程度的重视，最明显的表现便是藏书之所。自成立之时起，大多数书院都有专门的藏书楼或书库，小一些的书院也会利用讲堂等建筑的二层空间藏书，这是中国传统书院普遍存在的特征。

二是藏书的类型较为单一，多为经史、理学性理书籍。通经学古之士“入则为孝子悌弟，出则为名臣良牧”，而学习理学性理之书则大多以科举为目的，书院逐渐“官府化”，到清朝达到顶峰。

三是书院藏书多为官府购置，虽也有民间捐赠，但直至清代，官绅士民的捐赠才逐渐增多，甚至还出现了女性捐赠者。

四是书籍管理制度较为完善，逐渐发展出体系完备的图书管理体系。如鹿门书院藏书规模较大，守道设专门负责管理书籍的齐长管理其事。如墨池书院简化借阅书籍的手续，借阅者可自行写借条贴于书架，管理人员随时检查。

前文提到官府的支持是影响藏书事业发展的重要因素，那么另一重要因素就是印书技术的逐渐成熟。宋代之前，图书出版受技术手段的制约，书籍没有普及。到了宋代，随着印刷技术的推进与改良，书籍逐步开始大量出版。书院不再需要乞求官府赐书、购置，自己有了出版图书的能力。如丽泽书院于绍定三年（1230）重刻司马光的《切韵指掌图》二卷等。到了清代，出版技术的进一步提高与快速发展的文化带动了书院的印书事业，如白鹿洞书院（图 6–1–2）学生王岐瑞刻《朱子白鹿洞讲学录》。此外，一些书院还为地方出版地方志，如钟灵书院刊刻的光绪年《利川志》。至此书院印刻出版的书籍已不仅仅是惠及师生，还扩展至了地方官绅，且其书籍质量往往比地方出版机构质量更高。由此可见，印书事业的发展，不仅丰富了书院藏书，为其教学与研究提供了便利，对书院的发展起到了重要的推动作用，还促进了地方文化建设。

图 6-1-2　白鹿洞书院

第二节　书院藏书建筑的特点

藏书在书院当中有其独特地位，因此藏书区就成为书院建筑群中必不可少的存在了。在书院建筑群空间序列中，藏书区一般位于书院的中后端，且多处于建筑中轴线的重要位置作为其空间序列的压轴，以示对藏书的重视，同时将藏书区设置在整个序列的尽端也可以创造一个安静的读书环境。但藏书区的位置选择也有特例，如白鹿洞书院的御书阁位于教学区之前。

藏书区中一般都有藏书楼的存在，作为整个区块内的主体建筑。藏书楼一般由文人学子的书厢发展而来，成为书院的公共性藏书建筑后，其规模和形式都发生了较大变化。古时藏书必然要考虑潮湿、虫蛀、火灾等问

图 6-2-1　竹山书院藏书阁

题，因此藏书楼往往是书院建筑群中唯一的阁楼式建筑，一般 3~5 间，高 2~3 层阁楼，且常与园林景观搭配，环以林木水系，如歙县竹山书院（图 6-2-1，图 6-2-2）。但也有部分书院为单层藏书阁，如弋阳叠山书院藏经阁（图 6-2-3，图 6-2-4）。同时，藏书楼作为远眺书院的视觉中心，建筑体量明显，其本身也会彰显地方文化特色，如鹅湖书院御书楼（图 6-2-5），面阔九间进深四间，明间

图 6-2-2　竹山书院藏书阁内景楼梯

图 6-2-3　叠山书院藏经阁

图 6-2-4　叠山书院藏经阁前庭院

图 6-2-5　鹅湖书院御书阁

屋顶重檐歇山顶，次间为一层硬山顶，两侧三叠马头墙，颇具苏皖地区文化特色。

在一些著名书院当中，藏书楼被称作“御书楼”或“御书阁”，其主要缘由是它们在历史上有着较大影响，得到官府的重视，皇帝亲书匾额，赐给经书，这时藏书楼的建筑规格就大大提升了。例如湖南长沙的岳麓书院，就曾得到过宋、清两代皇帝赐给的匾额。御书楼带有官式建筑色彩，重檐歇山顶，高大宏伟，装饰也较为华丽，是书院的视觉中心。又如白鹿洞书院御书阁，朱熹曾作名联“泉清堪洗砚，山秀可藏书”，以山水之清秀颂书楼之功德。

一些规模较小的书院，往往藏书量有限，因而大多没有专门的藏书楼设置。为满足书院藏书功能，这类书院多将藏书安置在其他建筑内部，其功能

布局大致有两种：

一是将藏书室置于讲堂二层。在明清时期的书院当中，讲堂多以楼的形式出现，因此建筑有两层且层高较矮，讲堂的二层就自然成了书院的藏书之处，例如洙泉书院（图 6–2–6）。上海龙门书院“讲堂、楼廊、舍宇，楼之上为藏书室，中供朱子位，楼下为山长起居所，廊舍为诸生读书处”。

二是将藏书室设置于礼殿侧室，将祭祀、藏书两大功能融为一体。其位置依旧处于书院建筑群的后方院落，这里人流较少，满足了其对于私密、安静的需求。

图 6–2–6　洙泉书院讲堂与藏书室

由此可见，不同的书院根据其自身规模，对藏书有着不同的安置。比较岳麓书院与东山书院，可以了解得更为清晰。

岳麓书院是中国历史上赫赫有名的四大书院之一。在岳麓书院中，穿过书院讲堂后门就进入到了藏书区庭院。整个藏书区域由御书楼、拟兰亭、汲泉亭、讲堂后廊及两侧复廊围合而成，呈园林式布置。岳麓书院的建筑与庭院空间尺度随着中轴线纵深的推进不断增大，御书楼前是整个书院当中最大的庭院，其长宽分别为 34 米、26 米，显得十分宽敞。庭院自讲堂起至御书楼逐级抬高，这是中国古代建筑中常用的处理手法，用以衬托主体建筑的地位。在台阶的最底层，开凿人工水池，池上架桥通向御书楼，水池两旁造拟兰、汲泉二亭对景。抬升建筑、环以清溪，虽有衬托、体现御书楼的形象地位之意，但同时也是解决防火、虫蛀、潮湿等问题的有效手段。御书楼高大宏伟，颇具气势，是岳麓书院中空间序列的制高点，背倚岳麓山纵势向上，统揽全局，是书院最崇高之建筑空间。

相比之下，作为民间书院代表的东山书院，其纵向空间序列为：正门—讲堂—礼殿，可见东山书院建筑与院落布置要更为简洁。礼殿是东山书院纵深空间序列的压轴，并无单独的藏书楼设置。东山书院藏书空间与讲堂、礼殿相结合布置，外部环以大片水域。民间书院虽规模不大，但却直截了当地表达出书院讲学、祭祀、藏书三大功能的核心地位。

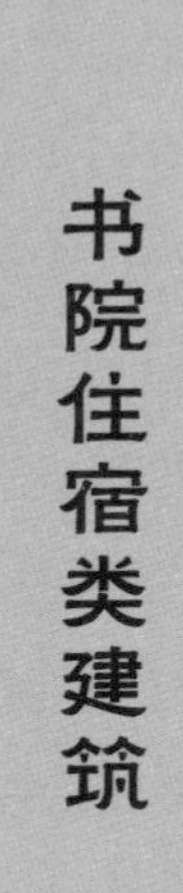

第七章 书院住宿类建筑

第一节　书院学生的生源

一、书院的招生制度

传统书院自诞生之日起，就带有明显的平民教育情怀，相比于官办学宫，书院没有严格的招生条件限制。孔夫子常说的“有教无类”便是书院办学的核心理念，在此基础之上还衍生出“大公无类”的办学准则，如四川文昌书院招生有云：“凡越㠛生童，不需一束，均得入院肄业，按月观课。捐廉奖赏，作育人材，大公无类。”书院在招生方面不设门槛、门户开放，学生不受地域、学派、贫富、地位的限制，可自由择师入学，甚至可中途易师。据记载，明代王阳明于稽山书院讲学，“从湖南、广东、直隶、南赣、安福、新建等地求学而来者，环坐而听，达三百余人”，可见书院教学对象十分广泛，凡愿意求学者均受到欢迎。

虽然书院对于招生对象并无严格要求，但受环境条件、书院办学实力等因素的限制，书院普遍实行“生源定额”制度，根据自身条件限定入学人数

几十到上百不等。除了录取考核优秀的“正课生”，书院还会增收一些考核次优的学生作为“附课生”。然而，即便招生人数每年都会略微递增，但仍然无法满足民间需求，因此有些书院还会允许不属定额限定的旁听生的存在，这类“短讲生”人数众多，如长沙岳麓书院的旁听生曾达千人之众，谓之“岳麓一千徒”。

二、学生的不同来源

书院开放的招生制度吸引了不同社会背景、年龄层次的学生，致使生源个体存在不同的自身属性，就学生自身而言，促使其选择进入书院学习的原因主要为以下两方面：

一是受到自身意识的驱使。古时读书之人对于满腹经纶、学富五车的先生十分敬仰，常常不畏路途遥远，千里赴书院求学；也有心怀远大政治抱负或欲名扬天下者，赴书院潜心苦修，将来谋求官职以达目的。

二是受到时代形势、政策的影响。宋朝政权建立之始，社会生产力逐渐恢复，人民生活也相对安逸，“兴文教抑武事”的政策得以实行，宋太祖尤为重视科举制度，此后取士规模不断扩大且待遇优厚，天下士子纷纷入学读书，书院得以迅速发展，逐渐替代官学。清代推行八股取士，书院“官化”比例不断增大，为科举而读书在社会上蔚然成风，各地书生废寝忘食、挑灯秉烛，有人金榜题名，而更多人则失望而归。

就其学生来源来看，一般分为两个层次：一是在私塾已开笔作文的生员；二是已有功名，继续求仕者。因此书院的学生年龄、层次多有不同。

由此可见，在书院招生平民化与学生来源多样化的双重影响下，书院生源特色成为其重要的文化组成，经后人代代传承并弘扬为一种书院文化精神延续千年。

第二节　学生住宿与自习

传统书院教学活动主要分为讲师面授、平日肄业、考课制度三个部分，《论语》中提到的“学之于堂，习之于斋”就很好地描述了书院的教学场景。“学之于堂”是指“讲师授课”这一教学活动，书院讲堂是先生为学生解惑、指点之场所，平日里学生们共聚于此听从先生教诲。“习之于斋”是指“平日肄业”，斋舍不仅是师生起居活动空间，同时也是学生自主研习的场所，书院学生平日肄业的主要学习方式就是自学辅导式，因此这类活动自然在书院斋舍之中进行。

学生自主学习是书院教学的一大特色，这与书院办学的层次与传统相关。除特别重要的课程外，书院教师对于其他课程仅提纲挈领，留给学生充足时间根据内容深浅进行自主研习、体会，因此书院自古就十分重视生徒自学，以充分发挥学生的自主性与能动性，但并非放任学生随意妄为。对于自主学习，历代各地书院都制定有指导性、针对性很强的生徒自学（修）课程规则，一般叫自学（修）“读书日程”或“学程”。书院制定的自修学程主要分为三种，即分年学程、分月学程、分日学程，其中分年学程、分日学程见得最多，元代教育家程端礼所制的《程氏家塾读书分年日程》就是分年学程最著名的例子。虽然书院对于学生自学有明确的要求与规定，但都略有弹性，并不强行灌入，也不强制执行，学生可根据自身研习的实际情况自主调整课程进度快慢。山长或教师在学生自学过程中也会对其进行辅导、指点，中国古代经史子集之多浩如烟海，如恒河沙数，山长择书为学生指点路径，其向学生传授读书之法也对学生自学有着莫大帮助。

此外，书院对于学生的自习纪律管理也有着严格的规定，以此规范学生

在斋舍中的行为举止。如太原令德堂书院章程就编制了六个方面42条，其中对学生自习、住宿生活方面有着严格的规范要求，如“诸生若有早眠晚起、出不请假、夜出迟归、喧哗闲语、听戏醉酒、冠履不整行为的，记过一次，达六次者扣除膏火银一两”。

斋舍不仅为生徒自学之处，也是其安居之所。书院生徒在入学后，除学习读书之外最为重要的事便是住宿。居所是学生能否稳定心绪、安心学习的基础，适宜的居住环境显得尤为重要。斋舍是书院最常见的住宿类建筑，往往布置在书院建筑群的弱侧，位置隐蔽，其围合的院落小且封闭，中植树木，营造出宁静、幽闭的空间氛围，身处其中的学生往往会为周遭环境与氛围所感染。这对平日里学生起居、静思、研学等行为活动都有极大的益处。

第三节　书院斋舍建筑的特点

生活区是书院中讲学、藏书、祭祀三者之外的第四功能区，其主要为书院师生提供研习与休憩空间，而斋舍作为其中最基本的建筑类型，是学生自主研习、静心思悟之居所。书院教育讲究“学之于堂，习之于斋”，“斋”在《说文解字》中为“戒洁也”，最早为斋戒之意，在古代祭祀活动中洗心洁心，以示庄敬，《论语》亦曰“斋必变食，居必迁座”。“舍”是指师生住居之所，一斋可由多间舍所组成，二者常结合在一起统称为“斋舍”，其内含静心研习、凝神聚气、潜心攻读之意。

斋舍因供师生起居之用，其功能性如同今日住宅小区一般，故斋舍区的位置选择就显得尤为重要了。明代造园家计成在《园冶・屋宇》中写道：

“斋较堂，唯气藏而致敛，有使人肃然斋敬之义。盖藏修密处之地，故式不宜敞显”，由此可以看出，斋舍必处宁静雅致、私密隐匿之地。在书院中，斋舍一般以侧屋和厢房的形式位于中轴序列的两侧或书院后方，由自身围合成一个内封闭院落，与书院的公共空间相互独立，营造出较为安详、幽静的氛围。纵向布置的斋舍往往十分靠近讲堂，由此可看出同为学习场所的讲堂与斋舍，在学生的日常生活中存在着密切的关联性。此外，山长作为书院总负责人，其起居之住所一般位于书院的后部或另设小院，有的还布置树石花草以构园林，院中雅致清静，体现其独特的身份地位。

虽然斋舍常处于书院建筑群中较偏的位置，但由斋舍及其独立院落与其他生活用房共同组成的生活区，却是书院各功能区中面积最大者。斋舍与书院自身的规模也有着密切联系，其主要表现在两个方面：

一是斋舍的空间大小、开间数量与书院的规模有着直接关系。书院越大，学生越多，其对于住所空间的需求量也就自然增多了。据《至顺镇江志》记载：“明伦堂五间，堂之两庑为六斋，曰程‘博文’‘约礼’‘尊老’‘育材’‘明德’‘达道’。”濂溪书院，《至顺镇江志》则记：“斋二，曰‘正道’‘和德’”。据《蓬安县志》记载，蓬山书院“东西斋八间，下舍接厨房一间，横房左右两间，共斋房二十一大间……延请山长生童来学者七十余人”。成都锦江书院“共计书舍九十二间，书院的书舍共可容住宿生员一百八十四名”，相比之下其规模就更大。由此可以看出传统书院之间，斋舍在空间、数量方面亦有多寡之分。

二是斋舍的位置与书院自身的规模大小也有着密切关系。规模较小的书院，斋舍直接位于中轴线两侧围合院落，如五阳书院因门房与讲堂之间引导空间较长，故斋舍沿庭院两侧布置即可。而规模较大者如东山书院（图7–3–1），由于斋舍数量较多，中轴线两侧无法满足需求量，故此等书院常于中轴两侧又形成多条次轴线，呈均衡左右、中轴对称之态。

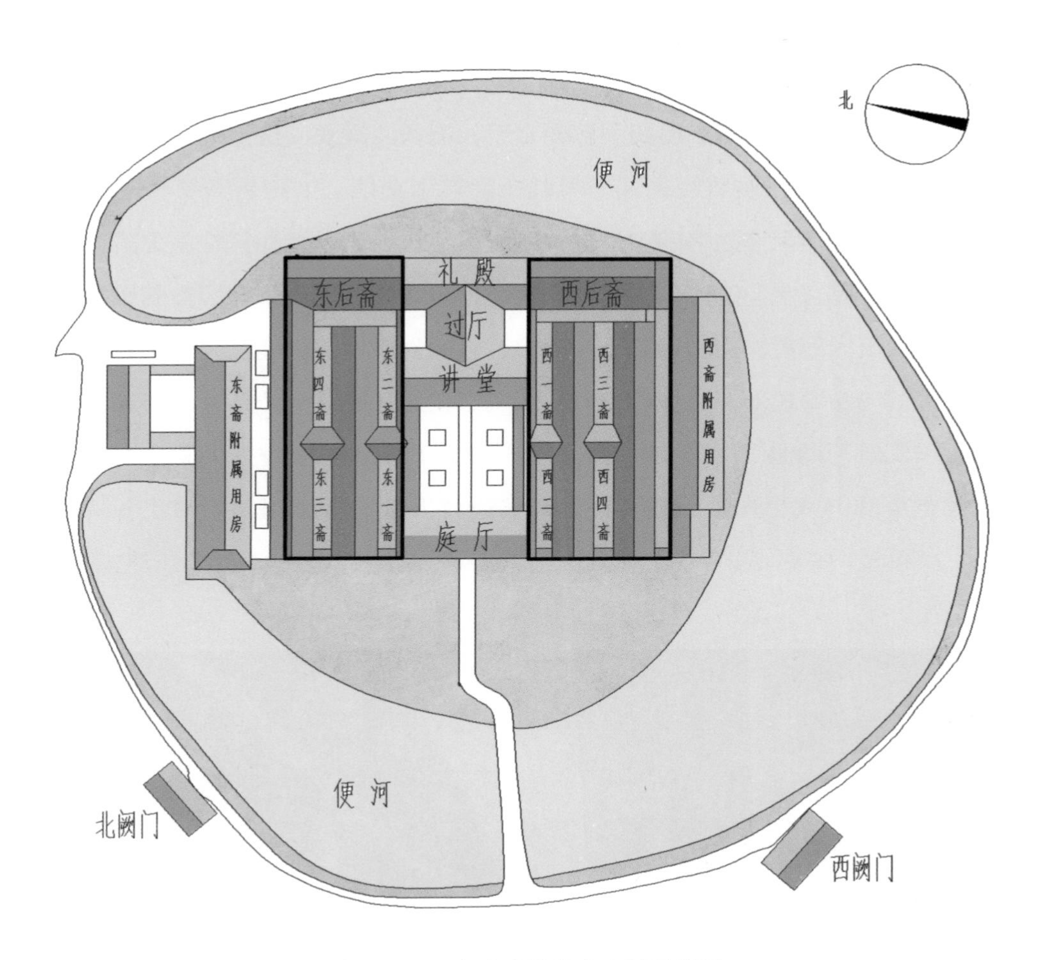

图 7–3–1　东山书院斋舍布局示意图

此外，各书院斋舍的规模不仅有着共时性的差异，还存在着历时性的变化。例如在明清时期，两湖民间书院之规模就较前朝呈逐渐扩大之势。比较不同时代的书院会发现，越是新修建（或重建）的书院其斋舍数量就越多，如洣泉书院（最近一次重修于 1873 年）、文华书院（建于 1841 年）。延续千年之久的岳麓书院经历了多朝的修整、扩建，南宋时期讲堂五间，斋舍仅五十二间，分四斋，而到明清时期斋舍已扩至一百一十四间，分六斋，斋舍规模大幅增加。

传统书院的建筑虽出自民间工匠之手，但多由文人主持修建，他们历来反对土木之奢，提倡节俭之风，强调社会实用功能，推崇善美统一的美学思想。因此，斋舍作为书院中最基本的一类建筑元素，极尽其朴素之美，又因受儒家“卑宫室”的影响，斋舍建筑可上遮风雨、下避润湿、边御风寒足矣。从建筑内部看，斋舍通常十分简单，以间为单位，每间斋舍尺度相对接近，开间 2.5~3.6 米，进深约 3~5 米，整体空间既明净又具有私密感，便于士子们研习课业（图 7–3–2）。对于生徒住宿房间的安排，书院会根据自身斋舍房间的大小和生员数对每间斋舍所住人数进行调整，如锦江书院在《训士条约》中规定：“诸生赴院驻宿肄业者，两人共驻一间，门口粘贴姓

图 7–3–2　涞泉书院斋舍

图 7-3-3　岳麓书院半学斋

图 7-3-4　东山书院斋舍天井

图 7-3-5　鹅湖书院东号舍南立面

名”，同时在《增修书舍桌榻全案》记载斋舍内部情况：“每间住二人，应用木床两铺，长条桌一张，四方桌一张，秃凳二个，书架一个。”从建筑外部看，有些书院斋舍间数较多呈并列布置，则斋舍前会设立横向长廊，形成狭长天井，如岳麓书院、东山书院（图 7-3-3，图 7-3-4）；也有仅屋檐出挑形成天井者，如江西鹅湖书院东号舍（图 7-3-5，图 7-3-6）。这些书院无

图 7–3–6　鹅湖书院东号舍天井

论是主梁、门窗构件还是屋顶材料、装饰，均呈现出质朴、素雅的特征。然而，这样的建筑布局也存在其不可避免的缺陷：斋舍呈东西向布置且天井狭长，虽幽静有余但采光欠佳，非理想之居所。因此，也有如白鹿洞书院的延宾馆，以春风楼、厢房、逸园等组成，中央形成空旷庭院（图 7–3–7，图 7–3–8）。

图 7-3-7　白鹿洞书院延宾馆庭院

图 7-3-8　白鹿洞书院延宾馆庭院西侧建筑

古人对于场所的名称往往十分看重，将题字点题看作是画龙点睛之笔，以此标帜意蕴、塑造意境。在斋舍建筑中，其命名含义一般也十分深远，如受川书院的东斋舍名为“进德”，西斋名为“修业”；长治东山书院四斋分别名为“志道”“据德”“依仁”“游艺”……表达了书院建造者对学子学业、德行殷切的期望。

整体而言，斋舍建筑融入师生日常起居生活，存于自然山林之间，为书院师生提供了良好的研习休憩空间，实属修身养性、静心冥思之佳所。

第八章 书院建筑选址与书院环境经营

第一节　自然环境与审美教育

中国古代文化中有两个关键性的词，一个是“礼”，一个是“乐”。简单说来“礼”是指礼制，即社会政治和伦理道德规范；“乐”则是包括诗歌、音乐、舞蹈、美术在内的文学、艺术、宗教等的总称，总之包含所有的文学艺术。儒家历来是关注艺术和政治的关系问题的，而这两者的关系问题简单概括就是礼和乐的关系问题。在儒家礼治思想的指导之下，形成了长期影响中国的“礼乐文化”。

《礼记》说：“乐者，天地之和也；礼者，天地之序也。”这里的“天地”，实际上指的就是人类社会。意思是说“乐”（艺术）使人们和谐相处；而“礼”（政治和伦理）则使人们遵守社会秩序。儒家思想认为，一个和谐的社会，政治和艺术两者互相促进，缺一不可。因而在教育中，艺术教育也就不可或缺。

礼和乐两者所起的作用是不同的。《礼记·乐记》中说：“乐者为同，礼

者为异。同则相亲，异则相敬。乐胜则流，礼胜则离。合情饰貌者，礼乐之事也。礼义立则贵贱等矣，乐同文则上下和矣。”艺术使人们和谐相处，相亲相爱；伦理政治则使人上下有别，等级有序。艺术太过则社会散漫无序；伦理政治太过则社会等级分离，缺少亲和。礼和乐两者互相调和，相得益彰，这才是最好的。古代孔庙文庙在每年一度的祭孔典礼上最重要的仪式就是礼乐的表演，所以今天遍布全国各地的孔庙文庙仍然在殿堂中陈设着“礼”和“乐”的象征器物——用于祭祀的礼器和乐器（图 8–1–1）。

图 8–1–1　北京孔庙中陈设的礼器和乐器

从个人品质和文化修养来看也是如此。孔子说：“质胜文则野，文胜质则史，文质彬彬，然后君子。”（《论语・雍也》）一个人如果只有质朴的品德而缺少文饰修养，就会显得粗野；过分的文饰修养而缺少质朴的品德，则会显得虚浮。只有“质”和“文”适度并存，互相调和，那才是君子。

因此在培养人的性情品质的时候，不能光有伦理道德的教育，还必须要有艺术的教育。而艺术教育的本质，实际上就是审美教育。审美是一个比艺术更宽广的范畴，除了艺术之美外，还有自然之美。自然审美对陶冶人的情操具有看不见的但很重要的作用。

早在中国教育思想形成之初的春秋时代，儒家的教育中就包含着审美教育的内容。学校规定的学习课程是“六艺”——礼、乐、射、御、书、数。其中的“乐”就是艺术教育。孔子本人就是极其重视艺术和审美教育的。“子在齐闻韶，三月不知肉味”，他在齐国听到了向往已久的雅乐《韶乐》，如痴如醉，竟然三个月不知道肉味。孔子赞扬《诗经》，说：“《诗》三百，一言以蔽之，曰：‘思无邪’。”（《论语·为政第二》）这也就是儒家所推崇的“诗教”和“乐教”。有一次孔子和他的几个弟子在一起讨论美的问题，孔子问弟子们什么是美，几个弟子都各有不同的回答，其中曾点说：“暮春者，春服既成，冠者五六人，童子六七人，浴乎沂，风乎舞雩，咏而归。”孔子听了非常赞赏，说我赞成曾点的说法。这就是我们今天所说的自然环境的审美对人的陶冶。

魏晋南北朝时期是中国文化中自然美觉醒的一个重要时代。由于当时时代的动荡，社会的混乱和黑暗，文人知识分子们想要批判现实，往往会带来杀身之祸。于是他们逃离社会，逃到山林之中去自得其乐，自我修炼。著名的“竹林七贤”就是魏晋文士的典型代表。他们在山林之中吟诗作赋，饮酒放歌，放浪形骸，洒墨淋漓，这就是中国历史上著名的“魏晋风流”，成为一个时代的特征。逃离社会，逃到自然山水中去，成为这一时代文人知识分子向往的生活。陶渊明的《饮酒》诗中“采菊东篱下，悠然见南山”对于自然美的向往，以及他的桃花源记中逃离社会、逃离尘世的观念，都是这一时代的典型代表。

在文化和艺术方面，这一时期中国文学中的山水诗、艺术中的山水画、建筑中的文人园林，三种文化艺术在这一时代同时兴起，绝不是偶然的巧

合。魏晋南北朝以前，诗写的都是关于社会事物、生产生活、男女爱情等，没有专写自然风景的诗歌。魏晋这个时候开始有了专门写自然风景的山水诗。魏晋以前的绘画都是画人物故事、社会历史、神话传说等内容，没有专门画山水自然的。魏晋这个时候开始有了不画人物，专门画山水自然的风景画，到后来山水画成了中国画中一个独立的、重要的画种。建筑也是，在魏晋文人园林出现以前只有皇家园林，主要是以水面岛屿表达向往东海神山的神仙方术，以及兼具种植粮食蔬果和放养动物的实用性功能。魏晋时期文人园林兴起，追求的是一种静心读书的安宁的气氛（图 8-1-2）。山水诗、山水画和文人园林在这一个时期同时出现，表明了追求自然美成为这时期文化的主流倾向，并且一直影响到后世。对于自然美的向往和追求，后来就一直成为中国文人艺术中最重要的一个方面。而书院建筑作为文人建筑中最重要的一个门类，当然就要体现这种文人的审美倾向。

书院建筑对于自然美的向往，体现在建筑环境上，首先是书院的选址，其次是书院周边环境的经营和书院内部园林的设置。

图 8-1-2　宋赵令穰《陶潜赏菊图》

第二节 书院建筑的选址

前文说到中国古代的教育非常重视美育，注重审美和艺术对人的性情的陶冶。而审美之中很重要的一个方面就是自然美。欣赏自然美，在大自然中陶冶性情，选择在大自然中静心读书。因此，书院的选址成为书院建设的第一要务，首先要选好地址，其次才是建设。

中国古代文人读书，有点类似于佛教僧侣的修行。文人读书绝不只是简单的学习知识，更重要的是讲究性情的陶冶和心灵的修养。因此，选择读书的环境就特别重要。怎样才算是理想的读书环境呢？第一是要美，山水之间，风景宜人，能够陶冶人的性情；第二是要静，超脱尘世，远离喧嚣，能够让人静心读书。这是传统书院选址的两条重要原则。正如《天岳书院记》中所说“城市嚣尘，不足以精学业”，因此要“择胜地，立精舍，以修学业”。

考察中国的传统书院，多数都选址在风景优美的地方。古代著名的四大书院，有两种说法：一种是湖南岳麓书院、江西白鹿洞书院、河南嵩阳书院和睢阳书院（应天府书院），除应天府书院在城市里以外，其他三个都是选在名山大川之中；另一种说法是江西白鹿洞书院、河南嵩阳书院、湖南岳麓书院和石鼓书院，按这种说法，四座书院都是选在名山大川中。

湖南衡阳的石鼓书院选在湘江中的一座孤岛之上，四面悬崖石壁临水，书院建在临水的悬崖峭壁之上（图 8-2-1）。

岳麓书院选址在长沙岳麓山下，面临湘江，背靠岳麓，风景极为优美。岳麓山是衡山七十二峰之尾，古代就被称为道教三十六洞天福地之一，山顶上有道教的云麓宫。山腰中有佛教的麓山寺，始建于西晋泰始四年（268），是湖南佛教的第一座寺庙，佛教传到湖南，首先就选中了这里。山下就是著

图 8–2–1　衡阳石鼓书院

名的岳麓书院，最初也是唐代两位僧人选择在这里结庐读书所建的“精舍”，由此而发展成后来的书院。可见古代文人、僧侣和道士们都选中了这块宝地，这里也真正成为少有的儒、佛、道三家并存的修身之地。岳麓山上满山枫树，深秋季节，枫叶漫山遍野一片红。唐朝诗人杜牧的“停车坐爱枫林晚，霜叶红于二月花”，正是这种意境的表达（图 8–2–2）。岳麓书院后面山腰中的爱晚亭，就是取这种意境而来的（图 8–2–3）。当年毛泽东等一批同学少年，最喜欢

图 8–2–2　岳麓书院环境

到此处游览。毛泽东的诗词“看万山红遍，层林尽染”，也是写的这里。岳麓书院选在这里，其用心就可想而知了。

图 8-2-3　岳麓书院后面山腰中的爱晚亭

江西白鹿洞书院选在天下闻名的风景区——庐山东南的五老峰下，此处林壑幽深，流水潺潺。一条溪流穿山谷之中，使地形变成一个狭长地带，外观类似于“洞”，其实并没有真正的洞。唐代诗人李渤兄弟二人选择此处隐居读书。李渤养了一只白鹿整天伴随自己左右，人们称它为“白鹿先生”，也把这个类似于洞的山谷称之为“白鹿洞”。由于山谷中呈狭长地带，道路沿溪流而行，因此其建筑布局也就很特别。本来中国传统建筑的布局方式都是以中轴对称，向纵深发展，宫殿、寺庙、书院、

图 8-2-4　江西庐山白鹿洞书院

民居等都是这样。白鹿洞书院因为这种特殊的地形，它就不能像其他书院那样中轴对称，向纵深发展布局，而只能沿着溪流旁边的道路，横向发展，由五个庭院并列布局（图 8–2–4）。事实上白鹿洞书院是由先贤书院、白鹿书院、紫云书院等几个小的书院组合而成的一个建筑群。这里确实是一个静心读书的极佳之处，无怪乎宋代著名哲学家朱熹也选择了这里作为自己常驻教学、著书立说的地方。

古代四大书院之一的河南嵩阳书院也是选在五岳之中的中岳嵩山脚下，远离喧嚣的城市（图 8–2–5）。

图 8–2–5　河南嵩阳书院

总之，从最初的个人择胜地立精舍，到后来的择圣地建书院（有的书院就是从精舍发展而来的），中国古代文人对于自己读书和修身养性的场所，一直都有着很高的要求。第一步就要求要选择好的地方，第二步才是打造经营。

第三节　书院的环境营造

自然环境之美是教育的重要内容。书院的建设首先在选址上就注意了自然环境之美。选了风景优美之地，之后还要着力打造经营周边的环境，使它更美，更宜人。

岳麓书院是这方面的典型代表。首先它选址在岳麓山下，这已经是风景绝佳之地，然而它还要在周边着力经营。在书院后面的清风峡内建造了爱晚亭，就着岳麓山上满山的红枫，取唐朝诗人杜牧诗句“停车坐爱枫林晚，霜叶红于二月花”的意境而专门建造了爱晚亭。然后在书院的前后左右各处，分别开辟了“书院八景”：“桃坞烘霞”“柳塘烟晓”“风荷晚香”“竹林冬翠”等等（图 8–3–1，图 8–3–2）。八景中的各处景色都有着很深的文化含义。

图 8–3–1　岳麓书院八景之“风荷晚香”

图 8–3–2　岳麓书院八景之“竹林冬翠”

图 8-3-3　风雩亭

图 8-3-4　咏归桥

例如八景之一的“柳塘烟晓”的水塘中间有一座茅草亭，叫“风雩亭”（图 8-3-3）；“风荷晚香”的水塘中有一座亭子，有石桥与岸上相连，那座桥就叫作“咏归桥”（图 8-3-4）。“风雩亭”和“咏归桥”这两个名字，来自《论语》中孔子与他的弟子们讨论美的问题的时候那句著名的“暮春者，春服即成，冠者五六人，童子六七人，浴乎沂，风乎舞雩，咏而归”。当年孔子赞赏其弟子曾点对于自然美的领悟，这句名言也成了后来文人们对自然美追求的目标。岳麓书院的“风雩亭”和“咏归桥”也就源自这里。

所谓“×× 八景”，作为一种文化现象，最早起源于湖南。有考证最早出现于宋代画家笔下的“潇湘八景”，画的是湖南的潇水和湘水两岸的著名景色，并配有诗文，赞美自然景色中的文化内涵。自此以后，这种“××八景”“×× 十景”就在全国各地出现，成为一种把自然美景与诗画艺术相结合的文化现象。

岳麓书院除了“书院八景”之外，还要在书院之内做园林。园林艺术是中国古代文人艺术中的一个重要门类，山水诗、山水画、文人园林，这三种艺术都是古代文人表达人与自然的关系的一种艺术门类。自从魏晋南北朝文人园林兴起以后，历朝历代文人墨客乐此不疲建造园林。文人辈出的江南地区，造园之风更是长期盛行。我们今天所看到的苏州古典园林被列为世界文化遗产，成为中国古代文化的一类典型。

中国古代的文人园林，表达的是一种文人的审美情趣。它首先体现的就是一种“逃避”或者“出世”的思想倾向，和佛家一样，认为这个世界红尘滚滚，熙攘喧闹。我要躲避，躲到哪里去呢？躲到山林中去。事实上并不是每个人都具备真正到山林中去的条件，怎么办呢？那就建造园林。在喧闹的城市中围出一小块园地，用人工的手法，做出自然之美。小桥流水，假山怪石，树木荫蔽，曲径通幽。进到里面就感觉到离开了尘世，离开了喧嚣的世界。确实，我们在苏州的古典园林中，在上海老城区里的豫园（图 8–3–5），这个世界级大都会的中心地带，进到园里我们能感觉到与外面的世界隔绝了。这就是文人园林环境营造的真谛，书院园林环境营

图 8–3–5　上海豫园

造也就是这个目的。

例如岳麓书院的园林——百泉轩，其后面就是岳麓山的清风峡，山上各路泉水，涓涓细流汇集于峡谷之中，流到这里，形成一片水面。空气凉爽，风景秀丽，水中鱼游蛙鸣，成为书院中风景绝佳之地。无怪乎岳麓书院历代山长都选择在此处居住，这真是修身养性的最佳之处。

别处的书院也是如此，尤其以上海、江浙一带的传统书院造园特别出色。这一带本来就是江南文人园林蓬勃发展之地，造园艺术素有传统。别的地方的书院，一般是在书院建筑的周围或旁边建造园林。而上海、江浙一带的传统书院则常常是把书院和园林完全融合，园林就是书院，书院就是园林。例如上海的蕊珠书院（图 8–3–6），这里本来就是一座有名的园林。后来在此基础之上“添建奎星阁、圆峤方壶、榆龙榭，其后又增珠来阁、芹香仙馆、

图 8–3–6　上海蕊珠书院

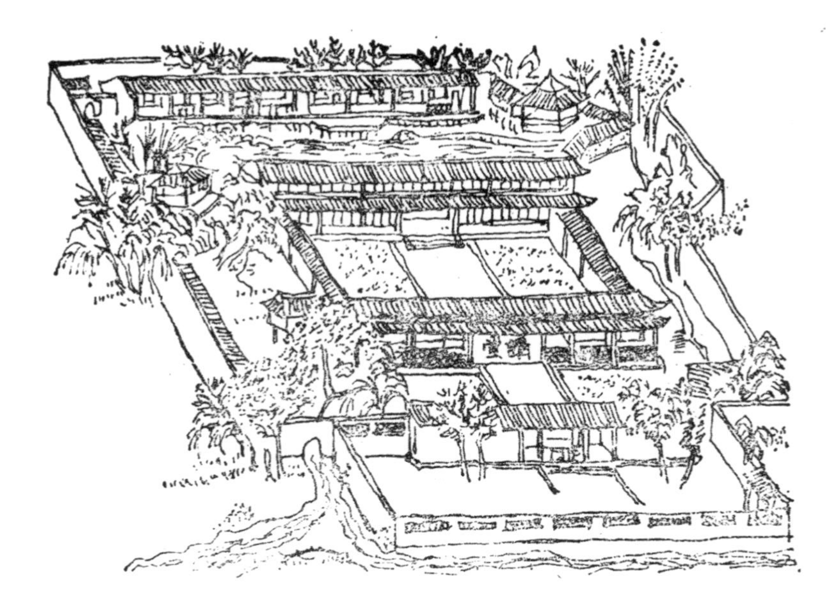

图 8–3–7　上海龙门书院

育德堂等处，合全园胜景为之”（《上海县志》卷首），一泓水面贯穿全园，书院教育建筑和游览观赏的园林建筑与园林融为一体。树木花卉，堆山叠石，点缀其间，美不胜收。上海龙门书院（图 8–3–7）也是如此，在原来园林的基础之上，增建书院讲堂等相关建筑。园林水流，花木山石，环绕书院建筑周边。苏州的正谊书院（图 8–3–8），也是在苏州园林中著名的可园的基础上建起来的。以可园为主体，增建了一些相关的书院建筑，成为正谊书院。院中原来可园的湖面，成为著名的小西湖。可园和苏州城内最古老的著名园林“沧浪亭”仅一墙之隔，清朝雍正年间最初建造可园的时候取名叫“近山林”（靠近沧浪亭的山林），清朝乾隆年间的时候才改名叫“可园”。最初取名“近山林”就清楚地表明了文人欣赏自然美的倾向，后来又把它改为书院，更说明读书也要靠近山林。

图 8-3-8　苏州可园（正谊书院）

书院建园林，营造优美的环境，事例不胜枚举。但凡只要有条件的地方，就一定会建造园林，用自然之美来陶冶人、培养人。这样培养是人全面素质的提升，而不只是简单地学知识。

就说岳麓书院吧，这座书院在历史上培养出来的人，名声赫赫，如雷贯耳。自宋朝建立以来，这里就出过张栻、王阳明、王夫之等著名哲学家、思想家。到了近代，这里更是走出来一大批改变中国命运的人物，有开眼看世界第一人，写出第一本介绍西方世界的著作《海国图志》的魏源；有第一个搞洋务运动，开矿开工厂，造船造枪炮，选派幼童出国留学的曾国藩，以及一批随着他出来的湘军人物：左宗棠、曾国荃、胡林翼等；有中国第一个外交家，清朝政府第一任驻英法公使郭嵩焘；有参加戊戌变法，失败后自愿赴死，血染刑场以警醒国人的谭嗣同；有写《警世钟》等名篇大作，以死殉国的陈天华；有辛亥革命元勋，与孙中山齐名的黄兴；有冒死起兵反对袁世凯，再造共和的历史功臣蔡锷；有民国第一任总理熊希龄；有近代著名教育家杨昌济、徐特立以及他们教出来的毛泽东、蔡和森；等等。毛泽东、蔡和森本不是岳麓书院的学生，他们就读于长沙第一师范学校，每当节假日就来岳麓书院住宿研习求教于杨昌济和徐特立等前辈。而且，毛泽东最喜欢和他的同学们一起游览岳麓山和橘子洲等风景名胜，他的“独立寒秋，湘江北去，橘子洲头……”“看万山红遍，层林尽染……”等脍炙人口的诗篇都是在那个时候写出来的。自然之美能够开阔人的胸怀，造就旷世人才。岳麓书院优美的环境里培养出许多影响了整个中国近代历史的人物。

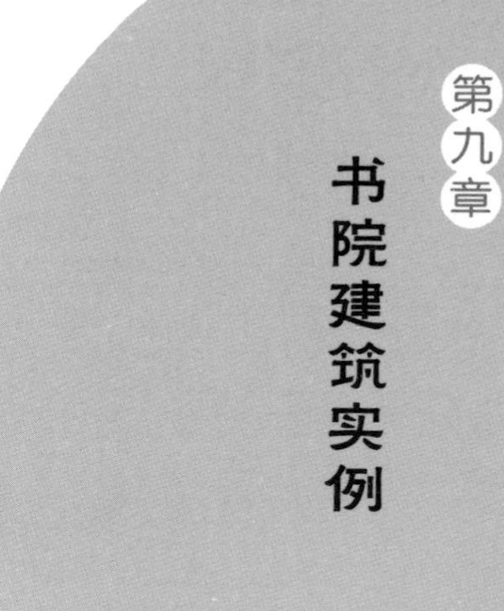

第九章
书院建筑实例

第一节　长沙岳麓书院

岳麓书院坐落在湖南省长沙市河西岳麓山下，是中国古代著名的四大书院之一。自唐代开始，有和尚在此建立精舍，读书办学。北宋开宝九年（976），潭州（今长沙）太守朱洞正式创建岳麓书院，至今已有一千多年。其间多次经历战火摧毁，但屡毁屡兴，办学不辍，直到近代1903年改为高等学堂，1926年改为湖南大学。千年延续办学，成为中国教育的一个典范。1938年岳麓书院曾遭日军飞机轰炸，部分建筑损毁。改革开放以后陆续修复，基本恢复了传统书院全盛时期的面貌。

岳麓书院选址在岳麓山下清风峡口，背靠麓山，满山枫树，春夏苍翠若滴，深秋漫山红遍，毛泽东诗词中所写的就是这里的美景；前临湘江，远眺橘子洲和长沙城，自然景色极其优美（图9–1–1）。书院坐西朝东，主体建筑分左右两条轴线布局。右边轴线为书院本体，左边轴线为祭祀孔子的文庙。左庙右学，以左为尊，体现了中国古代建筑的礼仪制度。书院轴线上的主体建筑有前门、赫曦台、大门、二门、讲堂、御书楼，两旁的半学斋、教

图 9–1–1　岳麓书院环境

图 9–1–2　大门

学斋，以及后部的专祠、百泉轩、屈子祠等。文庙轴线上的主体建筑有照壁、大成门、大成殿、崇圣祠，以及两旁的石牌楼和东西厢房。书院建筑轴线的右边有园林，还有新建的中国书院博物馆。书院总占地面积 2 万多平方米，建筑面积 7000 多平方米（书院博物馆除外）。

书院大门上悬挂着宋真宗皇帝亲笔题写的“岳麓书院”大匾额（图 9–1–2）。两旁对联写着“惟楚有材，于斯为盛”，上联出自《左传》“虽楚有材，晋实用之”；下联出自《论语》“唐虞之际，于斯为盛”，形容岳麓书院人才辈出的盛况。大门之后还有二门，起到分隔庭院空间的作用，讲堂上讲学的时候二门可以关闭。

讲堂是书院的核心建筑，是讲学的场所。因为讲学的需要，内部空间进深比较大，建筑采用勾连搭的形式（两个屋顶并列组合），并且前檐采用轩廊的形式，朝外的一面没有墙壁门窗，全开敞。这样的建筑风格是由书院特殊的讲学形式决定的。岳麓书院是高等级的研学式的教育机构，学生三五人也讲，三五十人甚至更多的人也讲。如果学生数量多了，讲堂内容不下就自然往前面庭院中延伸。讲堂前檐悬挂着“实事求是”的匾额，是 1917 年改制为高等工业学堂时校长宾步程所题写。正面墙上镶嵌“整齐严肃”四个石刻大字，是岳麓书院的校训。讲堂内部高悬着“学达性天”和“道南正脉”两块匾，分别为康熙皇帝和乾隆皇帝所题。讲堂内两侧墙上分别刊着“忠孝廉节”四个大字，为宋代大哲学家朱熹的字迹。四周墙上还刊有“岳麓书院学规”等石碑（图 9-1-3）。讲堂中央的讲台上摆放着两把靠椅，纪念当年“朱张会讲”的历史盛况。所有这些配置都显示了岳麓书院深厚的历史文化底蕴。

图 9-1-3　讲堂内景

讲堂之后是御书楼，此建筑在 1938 年日军轰炸的时候被炸毁，现存建筑为 1986 年重建。为仿宋代建筑风格的楼阁建筑，现仍然作为藏书楼使用。

书院中轴线的北边另外一条主线就是

文庙，这是祭祀孔子的地方。中国古代礼制规定“凡学，必祭奠先圣先师”，凡办学就要祭孔子。但是祭孔子有两种规格，高规格的是有一座独立的文庙，所谓独立的文庙就是从照壁到大成门、大成殿、崇圣祠形成一条完整的轴线。低规格的就只有一座殿堂祭祀孔子。官办的学宫（府学、州学、县学）一般都属于高规格的，文庙都有一条完整的轴线。书院一般是民办的，规格低于官办的学宫，一般都没有一条完整轴线的独立文庙，只是在书院里面有一座专门的殿堂祭祀孔子。而岳麓书院则是有一座独立的文庙，一条完整的轴线。主体建筑有照壁、大成门（图9–1–4）、大成殿（图9–1–5）、崇圣祠（图9–1–6）、明伦堂（图9–1–7）以及两边的“德配天地”和“道观古今”牌楼（图9–1–8）、东西厢房（图9–1–9）等。在书院中有这样完整独立文庙的只有岳麓书院，这又说明岳

图9–1–4　大成门

图9–1–5　大成殿

图9–1–6　崇圣祠

图 9-1-7　明伦堂

图 9-1-9　文庙厢房

图 9-1-8　德配天地坊

麓书院的地位非同一般，虽是民办的书院，实际上几乎等同于官办的学宫。

祭祀是儒家教育的一个重要内容，书院教育特别看重祭祀，“礼有五经，莫重于祭”。除了祭祀孔子以外，书院还要祭祀其他的重要人物。除文庙以外，其他祭祀建筑就是专祠。岳麓书院的专祠集中在书院轴线的后端左上方，有濂溪祠（祭祀理学鼻祖周敦颐）、四箴亭、崇道祠、六君子堂、船山祠、慎斋祠等，分别祭祀岳麓书院历史上最重要的学者和有过重要贡献的人

图 9-1-10　专祠

图 9-1-11　屈子祠

物（图 9–1–10），后部还有专门祭祀爱国诗人屈原的屈子祠（图 9–1–11）。

岳麓书院的教育讲究美育，陶冶情操。书院选址在风景优美的岳麓山下，还要在书院内再做园林。书院内的园林叫百泉轩，位置在书院的后部右侧。所谓百泉轩，是岳麓山上的大小泉水汇聚到清风峡中的爱晚亭下流到这里，再从这里流到前面的湘江去，书院就在这里建了百泉轩园林。岳麓书院的历代山长（传统书院的院长叫“山长”）也选择了百泉轩作为住宿的地方（图 9–1–12）。除了百泉轩园林以外，岳麓书院还在其周围营建了很多自然和人工的美景，即所谓“书院八景”，有桃坞烘霞、柳塘烟晓、风荷晚香、竹林冬翠等（图 9–1–13）。师生们在优美的风景中陶冶情操，开阔胸襟，完善人格素质，所以岳麓书院历史上走出来那么多影响中国历史的重要人物。

图 9–1–12　百泉轩

图 9-1-13　书院八景之“柳塘烟晓”

第二节　庐山白鹿洞书院

白鹿洞书院位于江西省九江市庐山海会镇，坐落在庐山五老峰下，是我国古代著名的高等学府，与湖南岳麓书院、河南嵩阳书院、应天府书院并称为“中国古代四大书院”。唐贞元年间（785—804），洛阳学者李渤兄弟二人在此隐居读书，并养一白鹿，出入相随，人称“白鹿先生”，此地遂取名“白鹿洞”。

南唐升元四年（940），朝廷在此建“庐山国学”。北宋初年，始称“白鹿洞书院”。北宋末年，书院毁于兵火，南宋时，著名哲学家朱熹重建院内建筑。元代末年，白鹿洞书院因战火被毁。明朝时期，书院得到重建。清时期经历多次维修，办学不断。辛亥革命时期，书院遗址曾遭火灾。中华人民共和国成立后，白鹿洞书院先后进行了三次大的维修，并得到有效保护。白鹿洞书院几经兴废，书院中现存建筑大多为清道光年间所修建。

书院选址于庐山五老峰南麓，四面环山，环境清幽深邃。书院建筑群处在两山之间的峡谷之中，从牌楼口到书院入口须步行 40 分钟。周边古树林立，郁郁葱葱，蝉鸣鸟叫，宁静悠扬。因为地形关系，书院建筑群呈多个院落横向并列的方式布局（图 9-2-1），前有溪水流过，水声潺潺，溪流名为“贯道溪”（图 9-2-2）。贯道溪北岸即为白鹿洞书院。贯道溪南岸有高美亭、摩崖石刻、碑苑等众多历史古迹。书院外东南角处有一座亭子，名曰“独

图 9-2-1　白鹿洞书院整体布局

图 9–2–2　贯道溪

图 9–2–3　枕流桥

对亭”。距离独对亭 20 米处有一连接贯道溪两岸的石拱桥，名为“枕流桥”（图 9–2–3）。坐在独对亭中可以听到贯道溪中的潺潺流水声，有一种远离尘世、洗涤心灵之感。

白鹿洞书院占地面积近 3000 亩，建筑面积共 3800 平方米，由西往东可分为 5 条轴线。第一条轴线的主要建筑为先贤书院、丹桂亭、报功祠和朱子祠；第二条轴线主要为棂星门（图 9–2–4）、泮池、礼圣门和礼圣殿，这条轴线的建筑主要是为了祭祀孔子，礼圣殿在这里相当于文庙中的大成殿；第三条轴线主要有御书阁、明伦堂（图 9–2–5）、白鹿洞和思贤亭；第四条轴线的主要建筑有崇德祠（图 9–2–6）、文会堂（图 9–2–7）；第五条轴线主要有林业学堂、延宾馆、春风楼（图 9–2–8）等。

白鹿洞书院中的建筑遵循古代等级制度，大部分建筑屋顶造型都是硬山顶，如报功祠、朱子祠以及崇德祠等；重要的建筑，如御书阁，则是歇山顶；更为重要的礼圣殿采用重檐歇山顶这一更高等级的屋顶形式。林业学堂为清宣统年间所建，外观呈现为两层的哥特式洋房。

白鹿洞书院中建筑的结构大多为木结构或砖木结构，少数为砖石结构。

图 9-2-4　棂星门

图 9-2-7　文会堂

图 9-2-5　明伦堂

图 9-2-8　春风楼

图 9-2-6　崇德祠

明伦堂、御书阁、礼圣殿、朱子祠以及报功祠均为砖木结构，以木柱支撑，以砖砌壁；丹桂亭以及思贤亭为木结构，棂星门为石构建筑，而林业学堂则是砖石结构的近代建筑。书院中的屋架结构包括穿斗式以及穿斗式和抬梁式的混合式屋架。礼圣殿屋架为穿斗式，而朱子祠则是抬梁式屋架结构（图 9–2–9）。

礼圣殿作为整个书院中最重要的建筑，在建筑装饰上也体现了它的重要性。建筑造型上为重檐歇山顶，屋檐下使用斗拱（图 9–2–10），斗拱在这里主要起装饰作用，结构作用较弱，且斗拱部分构件涂有彩色颜料。额枋下的雀替结构作用较弱，主要起装饰作用，上面浮雕一层花纹，并饰以金色。礼圣殿的石柱础（图 9–2–11）上浮雕缠枝纹饰，雕刻精美。

图 9–2–9　朱子祠屋架

图 9–2–10　礼圣殿斗拱及雀替

图 9–2–11　礼圣殿柱础

第三节　登封嵩阳书院

嵩阳书院是中国古代四大书院之一，在河南嵩山南麓，登封市北约三公里处。北依嵩山主峰峻极峰，南对双溪河，因其地处嵩山之阳，故而得名。书院始建于北魏孝文帝太和八年（484），原名“嵩阳寺”，为佛教场所。隋炀帝大业年间（605—618），改为道教场所，更名“嵩阳观”。宋仁宗景祐二年（1035），成为学府，名“嵩阳书院”。宋代大儒范仲淹、司马光以及理学大师程颢、程颐兄弟等，都曾在此书院聚生徒讲学，使得书院名声大噪，此后书院一直是历代学者讲授儒家经典之地。明朝末年，书院毁于兵火，清代重修，现为全国重点文物保护单位。

嵩阳书院选择在嵩山脚下，东峙万岁、虎头诸峰，西连象鼻山，对面是箕山，成三面环抱之势。法王寺、嵩岳寺一带山峡的汩汩溪水与顺老君洞、峻极峰而下的蜿蜒峡水，在嵩阳书院门下汇合成双溪河，缓缓注入颍水，溪流环绕，环境清幽（图9–3–1）。

图 9–3–1　嵩阳书院环境

书院建筑的平面格局基本保持了清代建筑布局的原貌，整体建筑坐北朝南，南北长128米，东西宽78米，占地面积达9984平方米，共

有古建筑 106 间。中轴线上主体建筑五进，自南向北依次为大门、先圣殿、讲堂、道统祠和藏书楼等，中轴两侧以配房相连，两侧配房原为书舍、学斋等。大门外前方入口处有“高山仰止”牌坊和魏碑亭。书院的三大功能区依照南北有序地分布在中轴线上，无论是主体建筑还是左右碑廊，都依据中轴对称式严谨布局。书院建筑多为硬山滚脊灰筒瓦房，具有河南地域建筑特色，建筑风格质朴无华。院内有古柏两株（原有三株），树龄均在 3000 岁以上，赵朴初老先生题有“嵩阳有周柏，阅世三千岁”的诗句。林学专家鉴定，将军柏树龄有 4500 年，是中国现存最古最大的柏树。西汉元封元年（前 110），汉武帝刘彻游历嵩山时曾封三株柏树“大将军”“二将军”和“三将军”，其中“三将军”在明代被毁，留下“大将军”和“二将军”两株，至为宝贵（图 9–3–2，图 9–3–3）。

书院大门现存为清乾隆年间修建，面阔三间，卷棚式硬山顶，抬梁式

图 9–3–2 “大将军”柏

图 9-3-3 “二将军”柏

图 9-3-4 大门

结构。门额黑底金字横匾，书“嵩阳书院”四字，是当代书法家宋书范仿北宋文学家、书法家苏轼的题写，素雅大方。门两侧有清高宗弘历于乾隆十五年（1750）游嵩山时所题柱联：“近四旁，惟中央，统泰华衡恒，四塞关河拱神岳；历九朝，为都会，包伊瀍洛涧，三台风雨作高山。”（图 9-3-4）

先圣殿创建于康熙二十五年（1686），又名“先师祠”，是专门祭祀孔子及其门徒的地方，乾隆四年（1739）重修。位于二门之后，面阔三间，卷棚式硬山顶，抬梁式结构。殿内有孔子的塑像以及“儒学四圣”的刻画像，其中，东为复圣颜回、宗圣曾子，西为述圣子思、亚圣孟子（图 9-3-5）。

讲堂现存建筑为清康熙二十三年（1684）修建，清乾隆四年（1739）重修。面阔三间，卷棚式硬山顶。讲堂内挂有赞扬“二程”的门联，“满院春色催桃李，一片丹心育新人”。此堂为纪念北宋名儒程颢、程颐讲学于嵩阳书院。在讲堂的东山墙壁上，

图 9-3-5　先圣殿

悬挂有《二程讲学图》，再现了“二程”讲学时的场景。讲堂前有砖砌月台，相传“程门立雪”的典故就发生在此处（图 9-3-6）。

道统祠位于讲堂之北。清康熙二十八年（1689）创建，清乾隆四年（1739）重修。道统祠前有一泮池，呈“8”字形平面，不同于一般文庙中的半圆形泮池（图 9-3-7）。道统祠面阔三间，歇山式滚脊灰筒瓦覆顶，槺门槛窗（图 9-3-8）。祠内原奉祀三圣人牌位：帝尧、大禹和周公，后被废毁。今祠内置放的三圣人像为今人所立。

藏书楼建于清康熙二十三年（1684），清乾隆四年（1739）重修。藏书楼是书院的最后一进建筑，面阔五间，卷棚式硬山顶，双层砖木结构。原藏书千余部，多已遗失。现陈列有《二程全书》《二程遗书》《中州道学编》《四书近指》《理学要旨》及嵩山地区发现的稀世珍品《唐武后金简》等（图 9-3-9）。

图 9-3-6　讲堂

图 9-3-7　泮池

图 9-3-8　道统祠

图 9-3-9　藏书楼

第四节　扶沟大程书院

大程书院位于河南省周口市扶沟县书院街，是宋代著名思想家、教育家、理学家程颢任扶沟知县时创建的。熙宁八年（1075）至元丰三年（1080），程颢在扶沟任知县，在任期间尚宽厚，重教化，兴学校，“聚邑之优秀子弟而教之”，天下学子不远万里而至，书院乃二程理学的发源地。大门匾额上的“书院”二字，是程颢亲笔所书。程颢“如坐春风”之誉，程颐“程门立雪”之典，历代传诵，影响深远。

大程书院始建于宋熙宁年间，后人改书院为“明道先生祠”，后因兵荒马乱，仅存遗址。至明景泰二年（1451），县令陈纪曾拟新建而未果，适逢河南布政司副使尹内则来扶，赞成此举，并勉励修之。景泰四年（1453）十月，在县署前右侧动工，重新修建，次年初落成。清康熙二十八年（1689）知县缪应缙在书院旧址建社学。据《扶沟县志》记载，清康熙二十九年（1690），奉文立义学，建于南街路西。康熙四十三年（1704），知县吴士熺将书院改建在化民台旁，即为现在地址。大程书院历经宋、元、明、清四个朝代，其间进行了多次扩建、重建、改建，现存建筑为清代原物。

该书院在初建时是一个学堂，选址于城中，邻近于百姓家，不同于其他坐落于山野林泉的书院（图 9-4-1）。由于选址城中，因而其占地面积较小。书院南北长 73.65 米，东西宽 39.9 米，总面积 2938.6 平方米，建筑按中轴对称式布局，布局方式为北方传统的合院式，现存仅两进院落。中轴线上主体建筑有大门、龙门、立雪讲堂等，东西两侧有厢房和其他建筑。

大门是三开间硬山顶建筑，青石台阶，朱漆大门，砖雕脊兽，木雕彩绘（图 9-4-2，图 9-4-3）。大门之后是“龙门”，龙门与大门风格相似，面

图 9-4-1　大程书院周边环境

图 9-4-2　书院大门

图 9-4-3　砖雕脊兽

图 9-4-4　龙门

阔三间（图 9-4-4）。龙门的梁枋上彩绘有"鱼化龙"等图案，有"鲤鱼跳龙门"的含义（图 9-4-5）。大门和龙门两边都与耳房相连，一进院落由月亮门通向东西耳房，各成小院，清清静静。

立雪讲堂前院中轴线两侧，左右对称罗列着东西文场，即东西厢房，

图 9-4-5　枋上彩绘

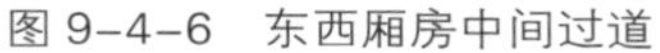

图 9-4-6　东西厢房中间过道

图 9-4-7　厢房（一）

图 9-4-8　厢房（二）

西侧保留有两列厢房（图 9-4-6，图 9-4-7），东侧保留有一列厢房（图 9-4-8），柱廊式，整体布局结构严谨、规整。厢房古代曾经用作科举考场。在龙门北侧，靠近厢房的两棵古松，高大挺拔，蔚然成荫，是当年重建书院的县令缪应缙亲手所栽（图 9-4-9）。

立雪讲堂是书院建筑群的核心。建筑高约十米，面阔三间，硬山式，单

图 9-4-9　古松

檐斗拱，每间“六攒”，每攒三斗两昂（图 9-4-10）。直棂门窗，山墙墀头（图 9-4-11）雕刻极其精美，保存完好。

图 9-4-10　立雪讲堂

图 9-4-11　山墙墀头

第五节　无锡东林书院

东林书院位于江苏省无锡市梁溪区解放东路 867 号。始建于北宋政和元年（1111），为当时著名学者杨时长期讲学之所。杨时去世后，其学生为他在东林书院建了一座祠堂——道南祠，之后书院逐渐荒废。元至正十年（1350），有僧人秋潭在原址上建东林庵。明万历三十二年（1604），著名学者顾宪成等人捐资修复书院，并相继主持书院，聚众讲学。东林书院成为当时江南传播理学思想的重要场所，尤其是他们倡导关心时政，批判现实的精神，引起全国学者普遍响应，名声大噪。顾宪成撰写的对联“风声雨声读书声声声入耳，家事国事天下事事事关心”成为家喻户晓的名联。

由于书院学者们讽刺时弊，批评朝政，明天启年间书院被朝廷奸臣魏忠贤借“东林党事件”下令禁毁。崇祯年间书院恢复，清代继续办学。1981年至1982年，进行了重修。2002年进行了全面修复，现存有石牌坊、泮池、东林精舍、丽泽堂、依庸堂、燕居庙、道南祠等建筑。1956年10月，东林书院被列为省级文物保护单位，2006年6月，入选第六批全国重点文物保护单位。

北宋政和年间，东林书院选址于无锡南门保安寺附近，这里临伯渎港，前临清流，周围古木参天，郁郁葱葱，当时杨时认为这里与庐山东林寺庙颇为相似，自然环境优美，是研究和传授学问的理想场所。现东林书院位于城市中心，紧邻弓河。由于城市扩张，周围环境已经改变，被城市道路和城市建筑包围，但书院内仍着力营造自然环境，种植花木，引水造园，环境清幽。

东林书院整体建筑群以一条居中的轴线为主，主体建筑沿中轴线对称布置，通过庭院空间进行过渡和连接，其他附属建筑、园林布置在轴线左右两侧。主轴线上的建筑依次为书院大门、石牌楼、泮池、东林精舍、丽泽堂、依庸堂、燕居庙。

东林书院中单体建筑造型除牌楼以外均为比较朴素的江南民居式样。中轴线上的主体建筑均为三开间，硬山顶，入口大门局部使用观音兜式封火山墙。石牌楼为三间五楼形式，整体匀称，装饰精美（图9–5–1，图9–5–2，图9–5–3，图9–5–4）。

东林书院主体建筑的木构架以混合式木构架为主，即在一个屋架中混合使用穿斗式和抬梁式。这种结构形式，一般山墙面采用穿斗式木构架，而房屋中部的木屋架使用抬梁式，这样一方面节省木料，另外一方面又可以增加室内的可用空间。书院中的主要建筑丽泽堂、依庸堂、燕居庙等均使用了混合式的木构架（图9–5–5，图9–5–6），具有明显的江南民居结构特点。

图 9-5-1　东林精舍正立面

图 9-5-2　依庸堂正立面

图 9-5-3　书院大门细部

图 9-5-4　石牌楼背立面

图 9-5-5　依庸堂构架

图 9-5-6　丽泽堂构架

书院建筑的功能主要为教化育人，因此书院建筑的装饰往往朴素无华，追求清新淡雅。东林书院细部装饰主要采用雕刻的手法，主题以带有美好寓意的动植物、吉祥纹饰为多（图 9-5-7，图 9-5-8）。

图 9-5-7　细部装饰（一）

图 9-5-8　细部装饰（二）

第六节　保定莲池书院

莲池书院，又称“直隶书院”，在河北省保定市内，原直隶总督署附近，因建于莲花池畔而得名。清雍正十一年（1733），由时任直隶总督的李卫奉旨创办，随后逐渐发展成为中国北方地区的最高学府，规模宏大。后经历连

年战乱，建筑逐渐损毁，现存书院建筑群中，只有 1908 年建成的原直隶图书馆为原物保存下来，其余建筑均为新中国成立后重建。1900 年秋，英、法、德、意四国联军攻陷保定，莲池书院的亭台楼阁几成灰烬，珍贵文物被洗劫一空，余下的 2680 种书籍保存到直隶省图书馆，保定市图书馆至今尚有部分莲池书院的藏书。一直到新中国成立后，它才在人民政府修缮后恢复了昔日的光彩。2001 年被列为全国重点文物保护单位。

莲池书院初建不久便人才济济，名流云集，扬名天下。而后又被修建成为皇帝行宫，至此达到极盛。直到 1903 年停办，先后存在长达 170 年之久。毛主席曾两次来到莲池书院，并给予高度评价。

莲池书院整体布局采用中国传统园林形式，以莲花池为中心，建筑物环绕分布，步移景异。莲池书院总平面大致为矩形，但因其建筑环绕莲花池而参差排布，所以书院的边线不是平直的，而是参差凹凸的。莲花池分为北塘和南塘两个部分，通过较窄的水流连接为一体。北塘为主要部分，占地较大，南塘面积较小，呈狭长带状。莲花池内遍布莲花，历史上莲花池及其周边的环境经过不断经营，形成了万卷楼、高芬阁、宛虹亭、寒绿轩等著名的“莲池十二景”。书院中山水楼台参差错落，奇花珍卉、仙禽灵兽，陪衬着画舫楼船、芙蕖香荷，俨然一幅写意山水画（图 9–6–1）。

莲池书院不仅仅是书院，曾经一度改为皇帝的行宫，所以建筑稍显华丽，不完全是通常书院素雅的风格。现有绝大多数建筑为新中国成立后修建，建筑风格参照清末时期，楼宇高耸，琉璃瓦屋顶，雕梁画栋。

书院的入口在书院的东北角，进入之后有一小庭院，中有假山名为“春午坡”（图 9–6–2），庭院以“古莲花池”牌坊（图 9–6–3）结束。牌坊为三间三楼形式，斗拱甚为繁复，中间开间之上的屋顶有八朵斗拱，两侧开间各有五朵斗拱，出五跳。经过牌坊，东侧为直隶图书馆，为一座两层西式楼房（图 9–6–4），“凸”字形平面，正面入口处向前凸出，首层为正方形平

图 9-6-1　莲池书院环境

图 9-6-2　春午坡

图 9–6–3　“古莲花池”牌坊

图 9–6–4　西式楼房

面，二层为八角形平面，顶上有西洋式八角亭，使其凸出的局部为三层，木质红棕色拱形门窗。

继续向南，莲花池的主要部分——北塘便映入眼帘，湖心有亭名为宛虹亭（图 9–6–5），围绕着莲花池顺时针行进，有水东楼（图 9–6–6）、含沧亭（图 9–6–7）、寒绿轩、驻景楼、绎堂、藻泳楼、荔幢精舍、君子长生馆（图 9–6–8）、小蓬莱、响琴榭、听琴楼、奎画楼、高芬阁（图 9–6–9）、绪式廉溪、花南研北草堂等建筑，组成了融入莲池景观的书院建筑群。

宛虹亭上下两层，八角攒尖顶，是莲池的中心建筑，起到点睛的作用。水东楼、藻泳楼、奎画楼、高芬阁等均为两层楼阁式建筑，雕梁画栋，装饰精美。君子长生馆、小蓬莱、绪式廉溪、花南研北草堂等建筑均为一层，建筑精致。含沧亭是一座桥，上面有一座卷棚歇山顶的亭廊，小巧玲珑。

图 9-6-5　宛虹亭

图 9-6-6　水东楼

图 9-6-7　含沧亭

图 9-6-8　君子长生馆

图 9-6-10　石碑

图 9-6-9　高芬阁

在水东楼的南侧，并排矗立着两个石碑（图 9-6-10），分别是田琬德政碑（刻于 740 年）、王阳明诗碑（刻于 1682 年），是书院内珍贵的文物。

第七节　铅山鹅湖书院

鹅湖书院位于江西省上饶市铅山县河口镇鹅湖山麓。南宋淳熙二年（1175），朱熹、陆九渊、陆九龄应吕祖谦的邀请而论辩于鹅湖寺。四位先贤吟诗唱和，相与激辩，史称“鹅湖之会”。

后人因慕四位学术大师之道，建四贤祠于鹅湖寺西侧，此为书院之发端。南宋淳祐十年（1250），江东提刑蔡抗改祠为书院，宋理宗皇帝赐名为“文宗书院”。元皇庆二年（1313），增建“会元堂”。明景泰四年（1453），又重修扩建，并正式定名为“鹅湖书院”。书院从南宋至清代期间数次被毁，又数次重建。其中清代康熙五十六年（1717）整修和扩建工程规模最大。“文化大革命”期间，书院遭到破坏。1983 年，江西省政府拨款重修，并列为省级文物保护单位。2006 年，鹅湖书院被列为全国重点文物保护单位。

鹅湖书院选址于鹅湖山北麓。鹅湖山为武夷山系支脉，奇峰壁立，林木蓊郁，鸟语花香。山中分布有古枫、银杏、柳杉、罗汉松等珍贵树木，并且竹海葱茏挺拔，使鹅湖山的景致更加美丽动人。置身其中，恍如处于白云翠岫间，飘飘然而欲仙。鹅湖书院背枕鹅湖山，前面是一片农田，左面正对着鹅湖塔，右面是鹅湖寺，书院四周有山有溪，环境幽雅。

书院现占地 8000 余平方米，建筑面积共 4800 平方米，坐南朝北。书院的建筑规模及布局与孔庙略似，建筑按轴线分布，以中间轴线为主，左右两边配套附属用房。建筑轴线从北往南依次为照壁、头门（图 9-7-1）、石

图 9-7-1　头门

图 9-7-2　石牌坊

图 9-7-3　仪门

图 9-7-4　讲堂

牌坊（图 9-7-2）、泮池、仪门（图 9-7-3）、讲堂（图 9-7-4）、御书楼、洗笔池（图 9-7-5）、后院；左右两边的附属建筑有士子号房（斋舍）（图 9-7-6）、文昌阁等，部分建筑已毁。

书院前部院门（图 9-7-7）为半圆形拱门，上做庑殿顶门楼，外侧书院额书“鹅湖书院”，内侧书“圣域贤关”。第一进院落正中为一石牌坊，结构严谨，造型灵巧。石牌坊由纯青石雕刻拼装砌就，外观呈现为四柱三间五楼，北面额文为“斯文宗主”，南面额文为“继往开来”。石牌坊雕塑技法精

图 9-7-5　洗笔池

图 9-7-6　东号舍庭院

图 9-7-7　书院院门

图 9-7-8　讲堂屋架

湛，图案有琴、棋、书、画、葫芦、朱笔、香囊、寿字、蝙蝠、丹凤朝阳、喜鹊、瑞草、龙门、雁塔等。石坊上共有 18 尾倒立状青石鲤鱼雕塑。

石牌坊后为泮池，泮池两侧布置东碑亭和西碑亭，均为歇山顶；仪门与讲堂，东、西碑廊围合出第二进院落，讲堂外观呈现为歇山顶，讲堂后的亭，屋顶为四角攒尖顶；轴线最末端为御书阁，外观呈现为重檐歇山顶。

讲堂的屋顶造型为歇山顶，内部屋架为抬梁式（图 9-7-8），廊下的梁枋上雕刻线条纹饰，柱上有帮助支撑的结构性构件——撑栱（图 9-7-9），

图 9-7-9　讲堂撑栱

图 9-7-10　讲堂鸱尾

撑栱上浮雕繁复的纹理，图案内容包括花草、水果、动物、人物等。屋脊和鸱尾用瓦片竖立堆叠而成，在屋脊的端部用石头垫高以便做出弧度，然后用瓦做鸱尾，鸱尾用两片瓦做成鱼尾的形状（图 9-7-10），用水中神兽以镇火。

第八节　平江天岳书院

天岳书院坐落于湖南省岳阳市平江县，是清代时修建的地方教育机构，该地文化教育历史源远流长，自清朝以来，天岳书院可以称得上是平江的最高学府。天岳书院始建于清康熙五十九年（1720），由当地士绅发起倡议，建于城南郊小天岳山，因地而得名“天岳书院”。乾隆四十年（1775），书院迁址至县城青石巷，集讲学和考棚于一体。嘉庆九年（1804）时又迁址至县城西郊五龙山，并更名为“昌江书院”，后于同治六年（1867）再次于现址新建天岳书院，新建建筑仿照岳麓书院与城南书院的形制，集教学、藏书、祭祀于一体。自同治七年（1868）建成以来，虽历经沧桑变化却依旧保存至今（图 9-8-1）。现存的天岳书院，是一座砌着青条石大门框的青砖

图 9-8-1 天岳书院外景

大院。院前古老的亭子两旁嵌着鎏金的对联，左联“天经地纬”，右联“岳峙渊淳”，上书“天岳书院”，为清代著名学者李元度亲笔所题，旨在表彰书院为国培养了一批刚正伟岸、具有经世之略的人才，也反映了“经世致用”的湖湘精神。大门内壁正中有陈云手书“平江起义纪念馆”的匾额。在不同的历史时期聚集了儒家、湖湘、红色三重文化，令这所地方书院大放异彩，因此书院文化具有明显的历史性特征。

书院主体建筑坐东南朝西北，扼汨罗江盆地，地势平坦，拥有开阔的视野。其依我国传统书院形制而建，现有建筑群由大门（图 9-8-2）、讲堂、礼殿、东西斋舍等砖木结构的建筑物组成，集入口、祭祀、讲学、

图 9-8-2 书院大门

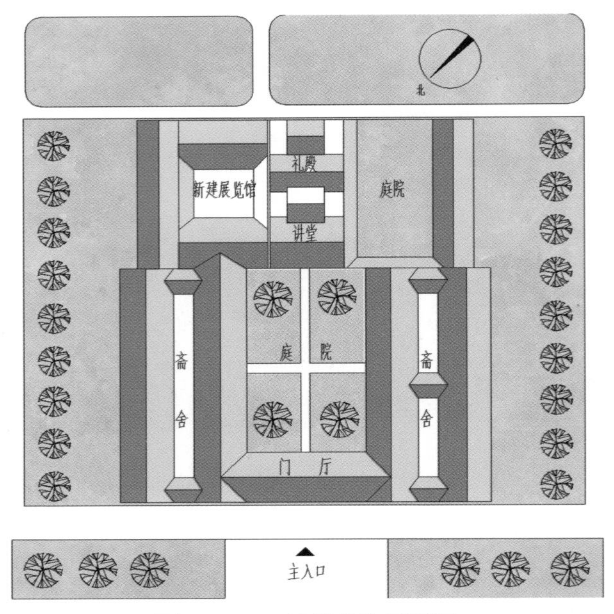

图 9-8-3　天岳书院平面图

藏书、生活五大功能区于一体，反映出清代书院重视科举、官学化的特征。主体建筑群沿中轴空间序列“大门—讲堂—礼殿”形成三进式院落，呈严谨的对称式布局（图 9-8-3）。现祭祠、书楼已毁，但建筑布局仍较为规整。大门为三开间单檐硬山门厅，前檐为门廊，后檐两侧山墙对开砖券门，打通左右连廊。主轴线上门厅与讲堂之间有一开阔的庭院，明亮开敞的空间烘托出讲堂的重要地位。讲堂与礼殿之间以过厅相连，两侧设天井并连通附属用房。由于天岳书院规模较大，斋舍数量众多，因此在主轴两侧又形成两条次要轴线，每侧斋舍又分为东西两幢，形成狭长的天井院落，这种布局方式在空间上呈现出左右均等、中轴对称的构图效果。相较于明清一般规模的民间书院，天岳书院独特之处在于设置了单独的藏书楼。根据《天岳书院记》，应是礼殿西南侧的三开间建筑。其他功能区的布置与一般民间书院类似：教学区、祭祀区分别以讲堂、礼殿为核心，用于讲学与祭祀孔子、先贤。此

外，天岳书院还设有一定数量的祠堂，礼殿东侧存宋九君子祠、屈子祠，西侧原有罗孝子祠。

天岳书院不论是外观还是建筑细部，都能体现出营造时的匠心巧思。青砖黛瓦，三级或五级阶梯式山墙略带着弧线，两侧起翘，勾勒出生动流畅的建筑轮廓线，极具湖湘地方特色。论建筑细部，其外墙雕刻着做工朴素而不失精美的石雕花窗，以花卉、五谷题材为主，偶有鱼龙等图案，寓意“香草比德”“鱼跃龙门”等（图 9-8-4，图 9-8-5）。

图 9-8-4　雕饰花窗与门洞（左）

图 9-8-5　雕饰花窗与门洞（右）

天岳书院整体空间布局精巧实用，园林景观虽未独立成区，缺少叠石与水景，但其园林化的庭院设计，质朴大方，更贴合书院气韵。庭院总体布局呈分散式，以大中庭为核心，若干天井、院落对称布置，强化了书院的空间秩序，庭院也在其大小、形态的变化下提升了空间的流动与渗透性。院内在植物品种的选取上极具本地特色，多为一些有文化寓意的乡土植物，如荷花、木兰、桂花等，硬质景观和建筑细部与书院朴素清雅的风格相契合（图

图 9-8-6　书院庭院

图 9-8-7　斋舍庭院

9-8-6，图 9-8-7）。

作为地方书院，天岳书院在选址、专祠、庭院空间和园林要素等方面体现出平江县人文与自然特色，同时也表达了湖湘儿女与时俱进、革故鼎新的强烈意愿与卓绝胆识，以及对先进文化理想的追求与实践，具有重要的历史文化内涵。

第九节　弋阳叠山书院

叠山书院位于江西省上饶市弋阳县城东，是弋阳人民不顾当时元朝统治者的重重阻挠，为纪念本邑南宋著名爱国诗人谢叠山而建造的。

书院始建于元代，后毁于大火，明熙宗天启年间重建。其中，明伦堂是叠山书院最早的建筑之一。书院始建于元延祐四年（1317），现存建筑重建于清乾隆五十四年（1789）。山长室始建年代不详，但根据其木作构架和外观特征可推断为明代建筑。讲堂、文昌阁、桂花园、藏经阁、长廊等建筑均始建于清代。书院建筑中唯一的二层建筑——望江楼建于明天启年间，是当时弋阳县城中最高的楼阁建筑。

叠山书院在江西弋阳县城东，占地近7000平方米。整座书院高高矗立在信江之北，得以俯瞰浩渺信江。书院承袭了中国传统书院择环境、重名师的传统。一方面选址于郊野，建书院于山林；另一方面追溯名师，南宋大儒谢枋得在叠山自建书斋，自号“叠山先生”，可见叠山书院的选址与祭祀对象形成呼应。现如今书院周边环境因城市扩张发生了巨大改变（图9-9-1）。之前坡度平缓、树木繁茂的小山坡如今已不见痕迹，书院北侧也建起了弋江镇第二小学，东侧紧邻志敏中学，西侧及南侧分别为方志敏大道和望江路所

图9-9-1　书院入口

包围。

从平面布局可以看出，叠山书院东部建筑以轴线对称布局为主，这与传统书院尊先贤、重礼仪有关。礼圣门——文昌殿——明伦堂——讲堂，由南至北，依次排布，位于书院东轴线上。书院东侧建筑以祭祀为主，而西部建筑多自由布局，依山势而建，庭院大小不一，形状各异，极具园林布置特点。

在建筑外观造型上，东部建筑更加注重建筑等级制度的手法表达且庭院多对称方正。礼圣门（图 9–9–2）采用三开间悬山顶，屋脊用瓦片立砌，显示出书院低调特质。穿过礼圣门，便能看到位于中轴线上的文昌殿（图 9–9–3），该建筑级别较高，屋顶采用歇山顶，建筑五进深三开间，外接副阶周匝；整个建筑立在高高的台基之上，给人肃穆庄严感。位于轴线终端的明伦堂（图 9–9–4）和讲堂通过廊子连接成“工”字形平面，屋顶同样采用歇山顶但平面布局更加灵活；屋脊同为瓦脊但多装饰细节；平面采用五开间，体量更大更完整，隔扇门窗的细节处理增添了建筑通透性。山长室（图 9–9–5）位于整个书院的重要位置，其南侧逐级抬高的庭院（图 9–9–6）序列更是加强了建筑的仪式感；整个建筑进深两间，面阔三间，周围环以副阶周匝。南部幽幽庭院的布局更是点睛之笔，位于书院西北角处的桂花园是一组三合院建筑；三座建筑均为硬山顶，级别较低，立面少装饰，素雅古朴。叠山书院唯一有楼层的建筑是望江楼（图 9–9–7），共两层；屋顶采用歇山顶，屋角嫩戗发戗，起翘较大，整个建筑造型轻巧别致。

书院总体采用穿斗式木构架，结构简单。叠山书院中的建筑通常不做天花，其屋顶内部多采用“彻上露明造”的形式将结构形式展现出去。从梁柱结构看，整个书院建筑有采用简洁柱网形式的，也有采用减柱造、移柱造的，有木柱也有石柱。

建筑风格朴实无华，鲜有装饰。在叠山书院中，到处可以看到具有警示

图 9-9-2　礼圣门

图 9-9-3　文昌殿

图 9-9-4　明伦堂

图 9-9-5　山长室

图 9-9-6　山长室南庭院

图 9-9-7　望江楼

作用的牌匾和楹联。书院中有世界谢氏宗亲总会原会长谢汉儒先生题写的“礼圣门”匾额，宋代理学家朱熹亲手题写的“碧落洞天”石刻以及展示国内外书法名家大手笔的碑廊。这些牌匾也是一种朴素装饰手法。书院中砖石装饰主要表现在柱础和山墙处，而建筑正立面则为白墙抹灰处理，抱鼓石也多不做雕刻，体现书院朴素淡雅之美。叠山书院对于木质材料的雕刻主要表现在门窗、隔扇以及屋架、檐下的装饰性构件上。即使是在露明结构的大梁上，也只是稍稍做了浅雕。叠山书院的门窗上段多以镂空图案的花心形式出现，做工精细，造型简单，而对下段的门裙板不做任何处理。叠山书院的朴素淡雅风格与明清建筑崇尚繁饰的风格形成鲜明对比。

第十节　湘乡东山书院

东山书院坐落于湖南省湘乡市，该地自古重视教育，在东山书院创立之前便已有了四所书院，具有较好的文化氛围。自清末湘军从湘乡兴起以来，赴书院求学者人数激增，在这般时代背景下，新疆巡抚刘锦棠、下里士绅许时遂等人于 1890 年倡修东山书院，1900 年建成。在其百余年的历史中，因政治变化与思想潮流等因素的影响，东山书院的办学理念与模式经历了“精舍—书院—小学堂”三次演变。书院自创建以来人才辈出，毛泽东、陈赓、谭政、肖三等著名人物均曾在此读书。

东山书院取址于“莲花屋场”，前临涟水，背依东台山，是刘锦棠在风水大师的指引下所选，原为湘军周姓将领的祖业。相传，此处为一块“宝地”，周围的三口池塘组成“品”字形且呈莲花盛开之态。书院三面环水的格局增强了景观层次感，并与东台山相辅相成，山水相融，十分符合书院选

图 9-10-1　东山书院水景

址所关注的山水环境（图 9-10-1）。

东山书院整体平面布局呈椭圆形，由围墙、阙屋、便河、石桥、正厅三进、斋舍、附属用房及操场坪等组成，其中主体建筑包括沿中轴线展开的正厅三进，即头门、讲堂、礼殿，以及处于两侧次轴线上的东西斋舍，这些建筑布局百余年来都未曾有明显变化。在书院的最外圈，是周长约 500 米的青砖围墙，设有北、西二阙门，二者均为青瓦硬山顶，两侧设封火山墙，北阙门上挂有毛主席为“东山学校”题写的门额（图 9-10-2）。进入围墙之内，一条接近于圆形的便河，环绕着中央岛上的一座书院。一座长长的石桥跨在便河之上，把中央岛和外围陆地连接起来（图 9-10-3）。建筑、桥与

图 9–10–2　北阙门

图 9–10–3　石桥

图 9-10-4　天井侧边回廊

图 9-10-5　讲堂内部

图 9-10-6　讲堂细部节点

连绵平静的水面衬托出书院宁静致远之气韵。

越过石桥后，映入眼帘的是建于 1896 年的头门，它是书院中轴线上正厅三进中的第一进建筑。头门面阔有三间，进深为一间，青瓦屋面，两端为封火山墙。上端的门额为嵌入式汉白玉，由清代书法家黄自元题字——“东山书院”。进入头门后，正中设一 14 米 ×14 米天井，天井两侧设五开间回廊（图 9-10-4），廊架为穿斗架驼墩双步梁，并使用月梁型穿插枋。通过方形天井后，一座面阔五间、进深三间的硬山青瓦屋面建筑立于正中央，这便是东山书院中轴线上的第二进建筑——讲堂。东山书院的讲堂为现存书院中面积最大者，室内色彩上选择红色、金色装饰梁柱构架，相较于头门建筑的朴素，增添了一丝华丽（图 9-10-5，图 9-10-6）。讲堂之后为四角攒尖式屋顶的过厅，用以连接处于中轴最末端的礼殿，过厅两侧为天井，连接东西斋舍，天井里种植植物或蓄水，成为东西斋舍良好的空间过渡场所。同时，过厅与天井结合，营造出一种神秘的氛围感，共同组成祭祀场所的前导空间。穿越过厅，便来到了中轴线最后一进——礼殿。礼殿是书院内祭祀场所，面阔五开间，两侧现为校长室、藏书室等。在中轴线两侧，有东西各四斋，沿中轴呈对称布局。斋舍为普通的双层砖木结构，屋顶形式为单檐歇山顶，造型朴实简洁，色调淡雅，每斋各有五间房，进深一间，下作书斋，上为卧室。起初斋舍为一层建筑，因学生数量增多，1938—1939 年间将斋舍改为两层，以满足使用要求。

东山书院附属设施除围墙、便河、石桥、照壁外，还在石桥与主体建筑之间设有操场坪，供学生日常锻炼。书院的院落景观也有不同的类别：有便河与堤岸树木构成的环绕式园林，使刚进书院的人们仿佛走入了远离世俗烦扰的隐居世界，为宁静、淡雅之境所感染；亦有点缀于建筑之间的天井式院落，它们空间虽小却是师生日常户外活动的场所，天井之中又有一株或多株树木点缀其间，此情此景让人似有诗词中所云——“庭院深深深几许”之感。整体来看，东山书院无官式建筑之浮夸，亦无民间建筑之造作，清新脱俗、质朴淡雅（图 9–10–7，图 9–10–8）。

图 9–10–7　山墙上的青砖

图 9–10–8　细部装饰

第十一节　广州玉岩书院

玉岩书院位于广州市萝峰山，是广州现存历史上最早的书院之一。玉岩书院历史最早可追溯至宋代。创始人钟玉岩为南宋开禧甲科进士，后辞官归乡建书院“萝坑精舍”供弟子读书。至元代时，钟氏后人扩建萝坑精舍，更名“玉岩书院”，但当时书院多用于祭祀活动，讲学功能逐渐弱化，因此其主要用作家族祠堂。当时书院在广州范围内并不常见，讲学活动也就不常开展。到了明代，玉岩书院走向衰落，与萝峰寺合为一体，主要祭祀文昌帝君。

玉岩书院背倚山脉顺势而建，前低后高，面朝东南侧广阔平原，山中环绕大片茂密果林，溪水于山涧穿流而过，这是岭南地区建筑适应气候、地理条件的极佳选址。书院的整体布局沿山坡等高线横向并列，由五条轴线组成，每条轴线纵深两进，另有两处独立建筑。这与常规书院纵深发展的空间序列不同，以横向发展为主的建筑布局有利于采光、通风，适宜于人们居住、学习。这般布局的主要原因除上述之外，还与玉岩书院建筑群由祠堂、书院、寺庙等多种功能组成有关。

在书院的最前端是一个砖石牌坊，为一个引导性的空间序列，标志着书院建筑群从此进入。往内是一片茂密的树林，一段石板铺成的狭长小道在昏暗、宁静的氛围中蜿蜒前行，达曲折尽致之势，其尽头是一月洞门（图9–11–1），通过月洞门便走到了中轴线主体建筑群前的广场。这里与月洞门之前的景致似乎是完全不同的两个世界，前者被树木遮盖而显得狭窄、昏暗，后者则宽敞且明亮，这是古典园林中常用的“欲扬先抑”的手法，跟随行人的移动而产生时空变化，达成“步移景异”的效果，展现出园林院落的动态美。广场正中设立一近5.4米高、4.3米宽的多段大台阶，台阶之上耸

图 9–11–1　广场前的月洞门

图 9–11–2　高大台阶与余庆楼

图 9–11–3　余庆楼大门

立着余庆楼，这是一栋由石柱、砖墙、木构架组成的两层建筑，同时也是主体建筑群中唯一的两层楼阁（图 9–11–2，图 9–11–3）。建筑呈三面围合且面向院内开放，由于背光且木构架色彩较暗，余庆楼稍显昏暗。穿过余庆楼就看到了玉岩堂，两者之间有一观鱼池。因山势地形的原因，玉岩堂一层与余庆楼二层标高相同，绕过观鱼池须通过两侧楼梯方可进入玉岩堂之中（图 9–11–4，图 9–11–5）。此外，余庆楼首层高度不到 2.5 米，而玉岩堂中部净高 5 米有余，这里通过衬托手法表现出玉岩堂的地位。走到玉岩堂，也就意味着走到了中轴序列的尽头，从这里可通过门洞向西或向东进入其他次轴院落中。

在中轴院落的西侧，是书院的西厅，这里原来是学生读书与教师居住的地方，中央设一庭院，种植各种花草树木，空间开敞明亮，利于采光与通风。向东进入的则是萝峰寺，包括低处的道教元始天尊殿和其后的院落与高处的佛教观音

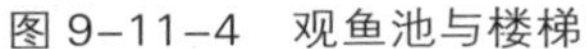

图 9-11-4　观鱼池与楼梯

图 9-11-5　玉岩堂内景

殿，这是玉岩书院相比较其他民间书院极为独特的一点——与寺院、道观相结合。再往东走就到了“萝坑精舍”——书院东厅，主要由大厅与几间书房组成，为一种变形的四合院布局。东南角书房不挑檐，增大了庭院空间，引入了更多的光线使得该轴线空间更加明亮宽敞，十分符合书院的气氛。

书院东厅的后门是一瘦长形门楼，窄窄的石板逐步抬升，越过门楼消失在视线的尽端。跟随石台阶的“步伐”，视野变得逐渐开阔了，清风楼与候仙台也悄然出现在眼前，这里的建筑与其他轴线建筑不同，它们更为贴近自然（图 9-11-6，图 9-11-7）。清风楼消隐于山林之中，候仙台上可远眺山峦与果林（图 9-11-8）于苍茫天地之间。再往东行，就到了另一列建筑，这里有用于祭祀的文昌庙（图 9-11-9），复行一段距离，就到了最边上的金花庙。可见，玉岩书院的建筑类型极其丰富，功能多样，多重纵深与横向扩展的院落空间产生了有别于普通书院的游历体验，此为玉岩书院之建筑特色所在。

图 9-11-6　书院东厅后门

图 9-11-7　天井院落

图 9-11-8　候仙台上远眺山林

图 9-11-9　文昌庙

第十二节　忻州秀容书院

秀容书院位于山西忻州市忻府区古城西南高岗之上，以秀荣巷与城市相连，清乾隆四十年（1775），在忻州儒学的旧址上改建而成，当时忻州称秀容县，故以此得名，为忻州地区的最高学府。清光绪二十八年（1902）书院改为"新兴学堂"，为书院改学堂全省首例，后又将南邻的文昌寺并入，扩大了办学规模，1912 年的新兴学堂改"忻州中学堂"，废州改县后成"忻县中学校"，1954 年改称"山西省忻县师范"，1981 年改为"忻县三中"，1983 年改为"忻州第一职业中学"。2013 年"忻州第一职业中学校"迁往胜利街"秀容中学"后，书院基本闲置。秀容书院是我国传统书院发展变迁的缩影，它不仅是忻州文化教育的摇篮，而且是忻州老城的文脉所在。2004 年 6 月 10 日山西省人民政府公布秀容书院为省级重点文物保护单位（图 9–12–1，图 9–12–2）。

秀容书院选址城西南九龙岗头的白鹤观，占地面积 45.38 亩，建筑面积 9000 多平方米，现有房屋 208 间，多数为原有建筑。书院地形西高东低，依自然地形分布，错落有致。平面布局分为上、中、下三个院落，中院高出

图 9–12–1　秀容书院全景照

图 9-12-2　俯瞰秀容书院

下院 9 米，上院高出中院 3 米，两院之间以台阶或坡道相连，层层叠落。同时建筑物的屋顶与上一个院落的地平相齐，从山脚望山上书院，正好不会出现建筑物的遮挡，体现了设计者的周详考虑。秀容书院几经扩建和地形因素影响，逐步形成了横向拓展的多重院落组合格局。院落之间没有用围墙隔断，而是依靠厢房的自然连接而围合，建筑之间不经意空出的间隙，就构成书院横向的交通。加之台阶、坡道的设置，整个书院交通流线灵活多样。书院内保存了清代留存的古树，淡雅的建筑掩映在林木花草之间（图 9-12-3）。

图 9-12-3　秀容书院环境

改革开放以来，秀容书院修缮了包括白鹤观、文昌祠、廖天阁、文昌祠戏台院等在内的文物建筑3000多平方米，另外恢复重建了配房、山长室、藏书楼、吕祖阁、碑廊、牌坊、观景台等5000余平方米建筑。书院总体格局分为上、中、下三院。下院历史上相当于小学部，用于小孩启蒙教育，今作国学院与展陈院；中院由原白鹤观旧址改建而成，道教建筑；上院主体由山长院和文昌祠组成。

清代，书院扩建时将书院西侧文昌祠并于书院中，用作讲学的场所（图9-12-4，图9-12-5）。文昌祠共三进院，第一进院落为戏台院。戏台（图9-12-6）坐南朝北，面向文昌祠，悬山顶出、面阔三间、抱厦，清代遗构。

图9-12-4　文昌祠入口

图9-12-5　文昌祠大殿

图9-12-6　文昌祠戏台

第二进院落为前宫院，是书院举行祭祀活动的重要场所。第三进院落为后宫院，是重要的讲学区，文昌祠大殿正位于此，大殿面阔五开间，悬山孔雀蓝琉璃瓦顶，抬梁式构架，清代遗构，曾用作书院讲堂。

三清殿（图 9–12–7）为白鹤观大殿，康熙二十三年（1684）修建，面阔五开间，悬山顶，抬梁式构架，是典型的清代早期建筑。

图 9–12–7　三清殿

图 9–12–8　山顶建筑

山顶建筑——六角亭、八角亭、魁星阁，位于上院高岗之上。正中魁星阁为四角亭，南为八角亭，北为六角亭，三亭皆为清代遗构。魁星阁乾隆五十一年（1786）重修，单檐歇山顶，阁中供奉主宰学子文运的魁星。八角亭位于魁星阁以南，八角攒尖顶，清代遗构。六角亭位于魁星阁以北一砖拱门上，建于雍正三年（1725），孔雀蓝琉璃瓦六角攒尖顶，高 8.3 米，每边长 3.5 米，为全城最高点，可俯瞰全城（图 9–12–8）。

第十三节　浏阳文华书院

文华书院坐落在湖南省浏阳市南乡文家市镇，创建于清道光二十一年（1841），1909 年改名为“里仁学校”。在清朝道光年之前，浏阳并不是后来人们所熟知的那样，也并非人才昌盛、文教昌明。当时浏阳仅有 1 座书院，教育事业并未得到大力发展。同时，科举成绩相对落后，县学名额数量也迟迟无法增加。但到了道光年间，浏阳掀起了一股书院建设的文风热潮，兴建了 4 座留存至今的书院，文华书院就是其中之一。从那时起，浏阳地区揭开教育事业快速发展的序幕。

道光二十一年，当地乡绅在浏阳南乡文家市创建了文华书院。文华书院呈坐南朝北布局，南倚文华山，北望南川大河，这种形式在风水学上称作“吉形”。两侧老街区的质朴与文华书院的文风相互交融，择址上既不受世俗所牵绊，也不失文人所追求的清净自在。

文华书院的建筑占地面积约为 3000 平方米，中轴线上的主体建筑就占其一半。其中，大成殿为书院的中心建筑。书院建筑群为廊庑式院落布局，这与天井式建筑的布置方式极为相似，相邻屋面紧紧搭接围合成院落。浏阳夏季高温多雨，这种廊庑式建筑形制与当地人们的居住与生活习性相适应，能产生舒适凉爽的对流风。

文华书院最大的特点，来源于其深受官式影响而产生的独特建筑风格。书院原由文昌宫改建而来，又效仿南台书院的官办规制，因此文华书院表现出一股浓厚的官式文化气息。书院最初的建筑形制是以中轴线为主的五进式院落布局，空间序列自头门（图 9–13–1）起，经过过街亭、院门、讲堂、大成殿（图 9–13–2，图 9–13–3），最终至成德堂。随中轴层层递进而展

图 9-13-1　头门

图 9-13-2　大成殿

图 9-13-3　大成殿内部

开的院落式布局，愈往里走愈能感受到书院文化气息之浓厚。书院的头门为土木、砖木混合结构，屋面铺青瓦，檐口设兽头瓦当，立面粉刷为白色，以灰色线条加以分隔，大门上方有匾额题“里仁学校”，两侧镌刻“以文会友，为国储才”。往里走便到了讲堂跟前，建筑为砖木结构，面阔五间，两侧为高大封火墙。室内一层为正堂，二层无隔断，为学生上课场所。穿过讲堂，可望见大成殿，它是文华书院的核心，最高大的建筑，为重檐青瓦屋面，四周环以柱廊且四角檐柱均为圆柱。大成殿一层为祭孔空间，里设孔子及其弟子神龛，其二层为藏书空间，再往后走便是中轴的最后一进院落，成德

堂就耸立于该院中。书院经历了多次重修与增建，东西斋舍（图 9-13-4）、文昌阁、魁星楼和武帝庙均是后来增建，书院前栋部分于 1930 年遭受破坏，1931 年魁星楼也被毁坏，直到新中国成立后，书院前栋建筑才部分复建。书院在易名为“里仁学校”之后，文昌阁被用作自习室，东侧仍为厨房用地，西侧作为教师办公、住宿区。中心建筑大成殿，为文昌殿改建而来，后期加建的文昌阁与魁星楼，同样都是官式建筑风格。

图 9-13-4　斋舍

装饰精美的文华书院，体现出独特的审美和文化格调。白墙为底，线脚多用红色涂刷（图 9-13-5），这与民间书院的清水白墙形成了鲜明对比，也证实了文华书院受官式建筑影响之深。书院建筑屋顶形式丰富多样，单

图 9-13-5　建筑色彩的运用

图 9-13-6　檐下装饰

坡、悬山、硬山、歇山和重檐歇山式均有运用，书院建筑的造型风格也就“活泼”了起来。文华书院的屋面装饰也十分精美，宝顶和鸱吻渗透着浓浓的官式气息，同时辅以红、黄、蓝的色彩，使得装饰风格丰富多样、琳琅满目。屋檐下的装饰亦是如此，建筑檐下结构均为木色打底，鎏金点缀（图 9-13-6）。可见，文华书院不同于普通民间书院那般朴素淡雅，而是携带着少有的雍容之气，极具自身特色（图 9-13-7，图 9-13-8）。

图 9-13-7　山墙装饰

图 9-13-8　多样式门洞

第十四节　尤溪南溪书院

南溪书院位于福建省三明市“千年古县”尤溪县城南的公山之麓（图9-14-1），地处福建省中部，是南宋著名教育家、理学家朱熹的诞生地。书院原为邑人郑义斋馆舍，朱熹逝世后，县令李修于嘉熙元年（1237）捐资在此修建文公祠、韦斋祠、半亩方塘和尊道堂等建筑，祀朱家父子。南宋宝祐元年（1253），宋理宗御笔亲书赐额“南溪书院”。元至正元年（1341），分建二祠，明清后屡有修缮扩建。南溪书院古朴庄严，选址遵从中国枕山抱

图 9-14-1　南溪书院远景

图 9-14-2　入口街道及牌坊

图 9-14-3　尊道堂北立面

图 9-14-4　半亩方塘与活水亭

水的传统风水空间格局形制，书院前恢复为里坊街道，四道牌坊依次展开（图 9-14-2）。

南溪书院现存建筑面积 1000 余平方米，有活水亭、尊道堂、文公祠、韦斋祠、毓秀亭等主要建筑。书院的整体规划布局规整，沿用历史格局。主体建筑由主、副两条空间轴线构成，每条轴线上都是二进四合院式建筑布局。主轴线以尊道堂、文公祠为主的建筑主要用来纪念、祭祀朱熹（图 9-14-3），坐落在主轴线最前端的是活水亭，其两侧对称布置的是半亩方塘（图 9-14-4）。据记载，该方塘为朱熹幼年读书处。朱熹《观书有感》诗曰：“半亩方塘一鉴开，天光云影共徘徊。问渠那得清如许，为有源头活水来。”其中的“半亩方塘”即指此处。明弘治十一年（1498），知县方溥主持，把半亩方塘扩大浚深，并建亭于塘上，通以石桥，取名“活水亭”，今皆修复。副轴线以韦斋祠为主的建筑则是用作

图 9–14–5　韦斋祠北厢房北立面

讲堂（图 9–14–5）。

书院内建筑屋顶以歇山和悬山两种形式为主，大门屋顶为单檐悬山顶，主体建筑文公祠为重檐歇山顶，韦斋祠为单檐歇山顶，主次分明。屋脊有生起，两端采用闽南式燕尾脊，屋脊及翘角装饰均具有典型的福建闽南地域特色。文公祠和韦斋祠屋檐下做有南方特色的如意斗拱，精致华丽。屋身上部是白墙，靠台基的下部为赭红色墙体。建筑内部结构均为穿斗式构架。

主轴线的右侧是一处幽静的庭院空间，名为沈郎樟别院，因里面有一株树龄 850 多年、树围 16.8 米的樟树——沈郎樟而得名，该樟树是朱子幼时所种。两轴线之间的庭院空间处有一座毓秀亭，亭内有一石碑，乃为朱子瘗衣处。滨水处有画卦洲、青印石，是一处幽静而朴素的庭园。

第十五节　苏州正谊书院

正谊书院位于江苏省苏州市，其历史与苏州可园有着密不可分的联系。可园最早追溯至五代末年，宋代时为沧浪亭的一部分。清雍正年间，江苏巡抚尹继善于此建“近山林”，乾隆二十三年（1758）将其改建成行辕，名“乐园”，取“仁者乐山，智者乐水”之意。嘉庆九年（1804），以白云精舍与可园为址设立正谊书院。道光七年（1827），江苏巡抚梁章钜重加修葺，成为书院园林，易名“可园”（图 9–15–1）。后毁于太平天国运动，直到光绪十四年（1888）重修，成立“学古堂”，建两层五开间“博约楼”，藏书 8 万卷。1914 年，因学古堂藏书量大，于此地设江苏省立苏州图书馆。

图 9–15–1　可园园门

正谊书院虽为苏州唯一园林型书院，但其功能和文化品质与其他民间书院无异，讲求朴素的建筑观，在材料与色彩选择上偏向于清淡素雅，朴实亲切。此外，正谊书院还具备一般书院所没有的园林气息，园内建筑整体格调崇尚自然，追求自然意趣，具有更为精致、生动的景观效果（图 9–15–2）。

图 9-15-2　内部景观

图 9-15-3　杏林堂内部

正谊书院包括主体建筑与庭院，其中主体建筑除讲堂、文庙及其他祭祀建筑外，还有藏书楼，这与其他书院相同。可园内建筑多为晚清遗存，结构保留完好。东园景区建筑舒朗，呈开阔之势，这样的建筑布置与可园所在地建筑密度小的特性密不可分。杏林堂（图 9-15-3）为讲学空间，其位于可园东园中轴线上，为东侧核心建筑。歇山屋顶形式体现出其作为可园内部体制最高的建筑等级。杏林堂主体面阔三间，周围环有一圈柱廊。西侧院落以廊墙相连，结合廊道、洞门产生院落对景。藏书楼位于西侧园内，名曰“博约楼”（图 9-15-4），取自“博约”一词的本意，广求学问，恪守礼法。博约楼为两层五开间的楼阁式建筑，外设有两层柱廊空间，登上藏书楼可见连

图 9-15-4　博约楼

绵山丘、玲珑亭台及远方沧浪亭。在祭祀建筑里，书院往往供祀着先圣先贤，以此鼓励后生。可园学古堂供祀着郑玄像、朱熹像，厅内两侧作为介绍书院历史、杰出人才的场所（图 9–15–5）。

图 9–15–5　室内供奉的郑玄像与朱熹像

在装饰艺术上，正谊书院因与园林结合紧密，一些建筑细部体现出江南私家园林的气韵。在院墙上，往往会开设连接院落的各式门洞，界定各院落空间的同时，也形成了空间上的渗透，产生对景效果（图 9–15–6）。前后包檐墙上也有花窗的运用，提高通风采光的同时，也起到点景、框景的装饰效果。古典园林中常有的铺地材料也在此有了充分体现（图 9–15–7），正谊书院内以砖瓦、碎石、卵石等组成各种纹样铺地，简单朴实。

图 9–15–6　月洞门与对景

图 9–15–7　园林以碎石、卵石等铺地

第十六节　永康五峰书院

五峰书院位于浙江省金华市永康市方岩镇橙麓村。南宋淳熙年间（1180年前后），陈亮借此处的寿山石室设帐授学，朱熹、吕东莱、叶适等名流鸿儒曾在此传道解惑，一时文风鼎盛，吸引了四方才子来此求学，成为南宋提倡“实事求是”的永康学派的发祥地。明嘉靖十五年（1536）时建成五峰书院。由于其建筑的特殊性，五峰书院是由五峰书院、丽泽祠、学易斋、重楼等一组岩洞建筑组成。抗战时期，浙江省政府曾在此办公。现为浙江省省级文物保护单位。

五峰书院修建在固厚峰天然的大石洞中，自古就是文人墨客荟萃之所。书院四周岩壑雄伟、峥嵘奇突，因周围被固厚、瀑布、桃花、鸡鸣、覆釜等五峰环抱而得名。书院建筑镶嵌在岩石之中（图 9-16-1，图 9-16-2），院前流水潺潺、明澈见底，远近的香樟古柏、茂林修竹，让书院享有宁静清

图 9-16-1　五峰书院周边环境

图 9-16-2　五峰书院周边山体

图 9-16-3　书院园林

图 9-16-4　建筑布局

图 9-16-5　五峰书院正立面

图 9-16-6　学易斋和丽泽祠正立面

幽之境。建筑与自然环境和谐统一、相得益彰（图 9-16-3）。其选址、布局与建造方式在全国书院建筑中别具一格。

书院依山而建、因洞造屋，巧妙地将天然洞穴与建筑结合，是典型的岩洞建筑。建筑并排修建，从东往西依次为五峰书院、丽泽祠、学易斋等。建筑采用洞支木构筑在天然的石洞中，即用木柱支撑岩壁，洞口紧贴石壁做重檐门面，体现了明代建筑的法式和覆崖为顶的石洞建筑风格（图 9-16-4）。

五峰书院建筑群均为洞支木构建筑，建筑的梁架为穿斗式，横梁简雅朴素、少有装饰。五峰书院以洞为顶（图 9-16-5），而丽泽祠与学易斋则做成重檐楼阁式样（图 9-16-6）。这三座建筑均坐北朝南，两层三开间，平面呈方形，其中，五峰书院二层设有外廊。五峰书院面宽 12.75 米，进深 11.3 米，屋内设置直径 37 厘米的圆柱 18 根，柱础造型为明代风格。丽泽祠是为纪念陈亮、朱熹、吕东莱所建（俗称“三贤堂”），宽 16.4 米，进深 13.3 米。学易斋位于丽泽祠西侧，其建筑面积相较于五峰书院和丽泽祠较小。

五峰书院黄瓦黄墙，与山体、石洞融

为一体、自然和谐。其装饰拙朴，墙体颜色为黄色，局部墙体为白色。柱子为赭红色，柱础部分为鼓形，柱础下有覆盆，系明代风格造型。

具有典型特征的是书院入口处的山门（图 9-16-7）。不同于其他岩洞建筑，山门为单层三开间建筑，屋顶为单檐歇山顶。屋脊与戗脊设计考究，上下实体、中间镂空，交接处有宝瓶装饰。檐部出挑深远、飞檐升起，檐下山墙处做封火墙造型处理，层层叠涩，建筑大气典雅却不失丰富生动。柱子与梁交接处有雕刻精美的木构牛腿与花牙子（图 9-16-8）。建筑为抬梁式结构，内有浑厚饱满的横梁与月梁，梁上饰红、蓝彩绘，色彩明亮、活泼、典雅（图 9-16-9）。正立面两侧的墙中间各开一漏窗（图 9-16-10），中间有彩色泥塑，图样为柏松、仙鹤，灵巧生动、栩栩如生。

图 9-16-7　书院山门正立面

图 9-16-8　山门的细部装饰

图 9-16-9　山门的梁、枋细部装饰

图 9-16-10　山门的漏窗

第十七节　歙县竹山书院

竹山书院位于安徽省黄山市歙县雄村桃花坝上，系清代雄村曹氏族人讲学之所，由当地出身的清代盐业富商曹氏捐资建造，是一所普及性启蒙教育的书院。书院始建于清代乾隆二十年（1755），现存大部分建筑均为原构。书院总占地约2000平方米，建筑面积1218平方米。书院建筑与周边村落建筑融为一体，风格和谐统一（图9-17-1）。

从平面布局可以看出，整个书院分为南北两部分。南部建筑以教学功能为主，北部建筑则以园林游赏功能为主。讲堂部分大体分为三路建筑。位于最南侧的第一路建筑便是书院中讲堂所在（图9-17-2）。第二路建筑自

图9-17-1　竹山书院周边环境

图9-17-2　讲堂

东至西分别为藏书阁（图9-17-3）、书斋（图9-17-4）和厨房，建筑之间以天井相连。第三路建筑布局较为灵活，自西向东由眺帆轩、墨香堂、牡丹轩等建筑构成，之间环以碑廊，建筑组合自由，妙趣横生。北部文会园林也有一条南北轴线的建筑，由清旷轩、百花头上楼（图9-17-5）、春风阁等构成，建筑之间以小庭院联系过渡，这条轴线上的建筑东侧便是极为优雅

图 9-17-3 藏书阁

图 9-17-4 书斋

图 9-17-5 百花头上楼

的主景庭院——桂花庭（图 9-17-6）。园林中廊庑相连、曲径漫步、桂花飘香、池塘点缀、假山依附，一座体量巨大的文昌阁点景其中，更添几分意境。

图 9-17-6 桂花庭

书院建筑多采用天井、马头墙等元素，粉墙黛瓦的颜色尽显老式徽州建筑风格。书院主入口（图 9-17-7）采用高门墙上砖雕牌楼的做法，大门两侧的抱鼓石与精致的铺首上下呼应。从主入口进入便能看到与南北连廊相连的讲堂正厅，厅前长形天井增加了讲堂进深感。整个

图 9–17–7　书院主入口

图 9–17–8　清旷轩

讲堂面阔三间，进深三间，单檐硬山顶，南北两端的封火墙样式尽显徽州建筑特点。位于文会园林部分的清旷轩（图 9–17–8）和露台是桂花庭中的重要建筑。清旷轩东侧作开敞处理，可将桂花庭风光尽收眼底。清旷轩面阔三间，进深三间，单檐硬山顶。轩前下方是露台，露台三面装饰石雕栏板，栏杆顶端共有 16 只栩栩如生的石狮子。轩后便是狭长天井。位于桂花庭正北方向的文昌阁是一座八角形大型楼阁，建筑采用八角攒尖顶，用于祭奉文昌君。登临二层，可远眺桃花坝风光。

竹山书院建筑多运用抬梁式木构架结构。抬梁式的构架（图 9–17–9），有利于增大使用空间。书院建筑的梁架为月梁式，截面接近椭圆形，中部稍向上完成弧形。书院讲堂和南北廊下设置轩拱，顶棚呈曲面造型，增加了净空高度，丰富了檐下空间。竹山书院中的建筑通常不做天花，其屋顶内部多采用“彻上露明造”的形式将结构形式展现出去。只

图 9–17–9　抬梁式构架

在主体建筑的出廊或出檐的地方装有曲线形的卷棚吊顶。

竹山书院的装饰艺术多体现在对砖、木、石的雕刻上。书院主入口的精致牌楼式砖雕以及封火墙上的砖雕装饰尽显当地特色。书院中的石雕多体现在柱础、石栏板及抱鼓石的装饰上。讲堂柱础（图9-17-10）做莲花式样，雕刻很是精美，露台栏杆的石狮子雕刻得栩栩如生，抱鼓石（图9-17-11）精湛的回形纹与花型纹完美配合，这些都反映出当时雕刻技术之高超。对于木质材料的雕刻则主要表现在门窗隔扇、栏杆栏板以及檐下、屋架的装饰性构件上。竹山书院的门窗上段多以镂空图案的花心形式出现，做工精细，造型简单，而对下段的门裙板不作任何处理。在斜撑（图9-17-12）、雀替、短柱的处理上也极尽雕刻之美。

图9-17-10　柱础

图9-17-11　抱鼓石

图9-17-12　斜撑

第十八节　炎陵洣泉书院

洣泉书院坐落于湖南省炎陵县城西北角。自创建之始起经历多次易名，最早名称为黄龙书院，可追溯至宋代嘉定年间。清乾隆十八年（1753），书院重修并更名为烈山书院，意为炎帝诞生之地。清嘉庆二年（1797），知县赵宗文见县内有洣水流过，以“学者诚能如泉水之涓涓不息，则百川学海无可不至”，勉励学生静心求学，故易名为“洣泉书院”，并增修斋舍。清道光五年（1825），书院搬迁并再度更名为酃湖书院。清同治二年（1863），书院再次迁回原址，复名洣泉书院。1928 年，工农革命军第一师第一团团部设于洣泉书院，同年毛泽东就在后厅左厢房住宿办公，指挥接龙桥阻击战，并掩护了朱德部队向井冈山转移。在其后的几十年间，书院遭遇战乱焚烧、拆建等，书院建筑气韵已荡然无存。1968—1970 年间，酃县县委按同治年间（1862—1874）原貌修复洣泉书院，现已成为“中国工农红军炎陵县革命活动纪念馆”对外展览的一部分。

洣泉书院现有建筑群坐北朝南，由门房、讲堂、大成殿、东西斋舍等砖木结构建筑组成。主体建筑沿中轴线纵深发展，依次为门房—讲堂—大成殿三进式空间序列，呈严谨的对称式布局。第一进建筑是耸立于 15 级石台阶之上的大门（图 9–18–1），面阔三间，硬山顶结构与封火山墙。进入大门，是一个 15.5 米 ×11.6 米的院落，由大门、讲堂及两侧复廊围合而成。第二进是立于 1.2 米高的多级台阶之上的讲堂，为一座面阔三间的两层楼阁式建筑，高 12.7 米，两侧封火山墙，是书院中最大、最高的建筑，彰显其崇高的核心地位。通过讲堂，是大成殿前设立的拜亭（过殿），其内部光线昏暗，采光依靠两侧天井，形成了强烈的明暗对比（图 9–18–2）。最后一进是大

图 9–18–1　大门

成殿，单檐硬山顶，建筑形象相对朴素低调，建筑等级明显不及楼阁式讲堂。大成殿内除设立孔子神位用以祭拜外，其两侧设有寝房，用作先生住所。在中轴序列的东西两侧，还有诸生斋舍，现存 44 间。斋

图 9–18–2　拜亭、天井与大成殿

舍单元空间不大，一般为 2.4 米（开间）×2.7 米（进深）的房屋。东、西二斋舍各在其中央设有一狭长天井，与斋舍外檐狭长柱廊一同满足通风、采光与学生日常活动的需要。

图 9–18–3　拱形门洞

洣泉书院在空间布局上还十分重视过渡空间的运用，书院院墙上均开设弧形拱门，具有良好的框景效果，并强化了两侧空间的交流渗透，使其产生了一定的流动性与层次感（图 9–18–3）。同时，书院对于天井院落有明显的分类，如书院讲堂前设有尺度较大、开敞明亮的院落空间，斋舍之间设有尺度较小、私密安静的天井。在建筑细部上，洣泉书院无论是梁枋下的雀替、封火山墙的檐口，还是大成殿、讲堂内部结构都无多余的装饰，而是选择在门窗上采取更为艺术性的表达，如在讲堂采用多扇木质长窗构成口洞，使得阳光可透过木制长窗零零散散地投入到室内，形成较好的光影效果，烘托出书院宁静、雅致的氛围，十分符合民间书院的气质形象。

第十九节　黟县南湖书院

南湖书院位于安徽省黄山市黟县的宏村南湖北岸。书院创办于明末清初，由于村中文风普及加之财力的支撑，村民在南湖北岸建立私塾六座用于教育村中子弟，被称为“依湖六院”。清嘉庆年间，六座私塾合并为南湖书院。书院现存建筑大多为清代原构，格局完整。1998 年书院被列为安徽省

图 9-19-1　南湖书院环境

重点文物保护单位，留存至今。

南湖书院背对雷岗山，面朝南湖。从景观视觉上看，以雷岗山为远景，书院为中景，南湖为近景，书院与周边山水环境层次鲜明（图 9-19-1）。从书院的教育职能角度看，山水之间的环境远离世俗的纷扰，能为读书人提供良好的环境，使其在优美的自然环境中陶冶情操，进一步达到教化的目的。

南湖书院建筑群布局严整，整体坐北朝南，面对南湖。书院以天井为空间组织单位，按照门厅—讲堂—祭殿（藏书）的顺序沿轴线展开，纵向形成两进建筑，建筑逐级抬升，等级依次升高，建筑同时向横向发展，形成了东、中、西三条轴线并置的格局。其中东部与中部轴线所在为主要讲学、祭祀与藏书区；西部为休闲园林区，包括望湖楼与祇园。门厅—讲堂（志道堂）—祭殿（文昌阁）轴线是南湖书院最基本的空间序列，也是古代徽州地区书院共同的基本序列。

南湖书院是一座具有传统徽州民间建筑特点的古书院，占地约6000平方米。书院分为志道堂、文昌阁、启蒙阁、会文阁、望湖楼、祗园六部分。志道堂是讲学的地方；文昌阁供奉孔子牌位，学生在这里对孔子瞻仰膜拜；由于南湖书院用地有限，不单独设藏书楼，会文阁用作书院藏书；启蒙阁是启蒙读书之处；望湖楼是闲时观景休息之地；祗园是内苑。

南湖书院的东、中轴两进建筑群分别设置有门厅，其中东建筑群门厅规制较高，尺度较大。讲堂是书院建筑中最主要的空间，尺度稍大于其他建筑，面阔三间，分别置于两条轴线上的中间位置，空间开阔。书院建筑综合运用抬梁与穿斗混合式木构架。抬梁式（图9–19–2）的构架，有效地扩大了柱距，增大了建筑的使用空间。穿斗式结构用于次间与山墙，避免浪费大型木材，从而减少造价。此外，书院的讲堂和祭殿还巧妙利用“移柱造”，使建筑更高大开敞。书院屋架用材硕大，中部稍稍起拱，民间俗称“冬瓜梁”。梁架为月梁式，截面接近椭圆形，中部稍向上成弧形。书院讲堂和祭殿等外廊下均设置轩拱（图9–19–3），顶棚呈曲面造型，增加了建筑净空高度，丰富了檐下空间。与大多

图9–19–2　抬梁式构架

图9–19–3　轩拱

数皖南民间书院一样，南湖书院建筑装饰风格简洁朴素，更注重人文意境的塑造。建筑整体色彩以白色、灰色和木头本色为主，低调素雅。大门的砖石雕刻（图 9–19–4）简洁大方，虽不比民居雕饰华丽，但雕工考究，十分精良，线脚细密匀称。建筑木雕装饰质朴粗犷，枋、柱少有装饰，而以展现材料本质特性为主，装饰性主要反映在丁头栱与雀替（图 9–19–5）的雕饰或檐下插栱上，雕刻精致，体现出文人雅致的审美情趣。书院整体营造出清新脱俗、庄重典雅的人文意境。

图 9–19–4　砖石雕刻

图 9–19–5　丁头栱与雀替

第二十节　溆浦崇实书院

崇实书院所在地湖南省怀化市溆浦县龙潭镇岩板村，为湘西少数民族的聚居地。清朝时朝廷为鼓励湘西地区教育，兴办了许多乡村书院，崇实书院便是其中之一，也是怀化地区内现存唯一的书院。崇实书院始建于清

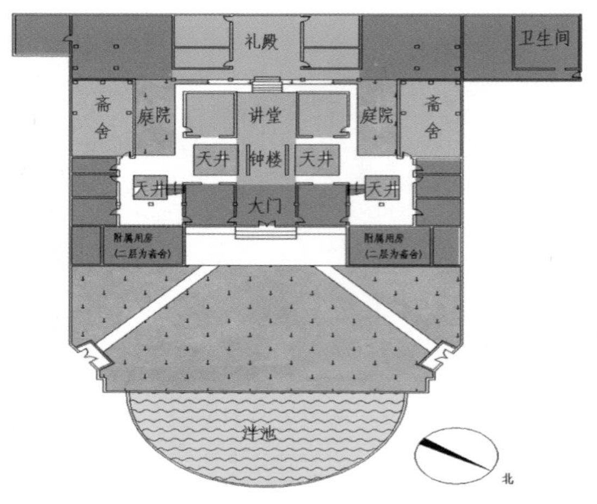

图 9-20-1　崇实书院平面图

图 9-20-2　崇实书院全景

道光十四年（1834），原名“延陵家塾”，最初为两进庭院式家族书院，同时也是吴氏家族的祠堂，叫“吴氏蒙养”。至咸丰五年（1855）时更名为崇实书院，其虽已完全作为书院使用，但仍然保持祠堂的布局形式。光绪三十二年（1906），书院更名为吴氏族立初等小学堂。直到 1921 年，院落后扩建后厅，最终形成三进式建筑布局，完好保存至今（图 9-20-1，图 9-20-2）。

古人常依照环境选址，于是山水便成为极为重要的影响因素。岩板村建筑依溆水沿线展开，呈背山面水之势。但乡村书院并不以山水为首要因素选址，而是以村口或家族所在地中心区为首选地。崇实书院就修建于岩板村口，地势平坦，坐北朝南，书院前 50 余米就能遇见穿镇而过的溆水，视野十分开阔。

崇实书院为湘西现存民间书院中规模最大者，主要采用砖石砌筑，以砖木混合式和穿斗式两种结构为主，多为悬山屋顶，平面对称规整布置。走近崇实书院，映入眼帘的是书院照壁前的半月形水池（图 9-20-3），名为“泮池”，仿文庙形制。泮池本是古代官学的标志，因崇实书院在发展过程中逐

图 9-20-3　崇实书院院前泮池

图 9-20-4　书院东南门

渐官学化而修建，这样的形制在湖南其他民间书院中是极为少见的。书院前的围墙与院内照壁连成整体，在东南、西南角各辟一八字门，均为牌坊式砖木结构，东南侧门匾书“崇实书院”（图 9-20-4），西南侧门匾书“吴氏蒙养”。门头在底部采用花岗岩、上部采用青砖砌筑，飞檐翘角，雕龙镂凤，造型别致且极具民族风情。建筑整体色调古朴淡雅，彰显书院气质。

崇实书院建筑风格是中西合璧，总体来说，中轴线上的主体建筑是中式风格，两侧建筑带有西式建筑的造型（图 9-20-5）。现有建筑群由大门、讲堂、大成殿、东西斋舍（两层）等砖木结构建筑组成。主体建筑群沿中轴大门—讲堂—礼殿形成三进式空间序列，呈严谨的对称式布局。从东西院门进入后，沿着院内的小道便到达书院的主体部分。第一进为三开间大门，单层穿斗式木结构，屋顶形式为悬山顶，屋檐出挑宽大，中央一间为过厅，两

图 9-20-5　书院院内大门及两侧附属用房

侧各一间作教师办公用房，大门两侧对称布置着砖砌厨房和储物间。进入院内大门，正对着的是钟楼和讲堂，通高 9 米的四角亭式木构钟楼矗立于大门与讲堂之间，在空间高度上起到了统领全局的作用。钟楼屋顶形式为更高一级的歇山顶，两侧布置天井式院落。再往里走便是三开间的讲堂，其屋顶形式为悬山顶。崇实书院将藏书区设于讲堂二层，并未设置藏书楼，这同普通民间书院一致。穿过讲堂，到达书院中轴空间序列最重要的部分——礼殿，又称大成殿。大成殿位于整个书院最高处，高于讲堂地面 1.5 米，高两层，硬山屋顶，两侧为厢房。讲堂左右两侧是两层高的斋舍，对内通过钟楼两侧的天井与中轴线相结合（图 9-20-6）。书院内共有六处天井以对称方式布置，并利用连廊使分散的各个单体建筑彼此联系。书院通过庭院空间弱化建筑布局的规整性，适应当地气候的同时又丰富了整个建筑群体空间和空间层次。

图 9-20-6　钟楼一侧天井

在建筑装饰艺术上，由于建造时受限于经济条件，崇实书院虽没有精雕细琢的梁枋和装饰，但仍然在细部处理上体现出湘西民居的精致和细腻，建筑整体形象丰富灵巧，开敞通透。从整体来看，书院木结构建筑均涂有黑漆，屋顶采用灰色小青瓦，充分体现出儒家崇尚自然美、不矫揉造作的品质。院内各门窗运用以原木色为主的直棂隔扇和雕花镂空门窗，俭朴自然，有益于采光通风。部分建筑檐部采用卷棚装饰，设有檐下镂空枋板。而在外立面上，却有着不同于内部的装饰风格，采用中式朴素的清水砖墙与西式拱形窗洞相结合，饰以弧形白色线脚，取中西建筑风格之长而别有一番韵味。

第二十一节　宁波甬上证人书院

甬上证人书院坐落于浙江省宁波市海曙区白云庄内。白云庄始建于明末清初，1934 年修复，为全国重点文物保护单位，现存建筑为原址重建而成。白云庄有着深厚的历史底蕴，原为甬上望族万氏的家祠，后来清代著名学者黄宗羲在此创立“甬上证人书院”，以为其主要讲学之所。甬上证人书院是浙东学派的发祥地，培养出了包括“万氏八龙”在内的大批文人学者。

书院临水而建，周边多植林木，环境清幽安静，且面临管江，视野开阔。

书院虽选址于城市内部，却依旧处在僻静之地，有与俗世相隔绝之感。

白云庄整体院落由东西轴线上的甬上证人书院、万氏家史堂和南北轴线上的万氏故居、佚老堂以及东边的园林和西边的万氏家族墓群所组成。甬上证人书院空间序列为中轴线布局与自由布局相结合：书院讲堂与其附属建筑为严谨布局的东西轴线序列；而书院内园林为顺应自然的自由布局序列。书院建筑以书院的三大功能（讲学、祭祀、居住）来划分，分区明确，流线清晰，过渡空间灵活自由。

甬上证人书院的建筑呈现出宁波本地传统民居特色，颜色以黑白为主，偶在梁枋构架和门窗上饰以红色，清淡典雅，颇具文人气质。

讲堂（图 9–21–1）为书院内第一进主体建筑，为清代所建，三开间硬山顶建筑，砖木结合的混合式结构，有前廊。建筑少有装饰，除在屋脊处用上下叠放的瓦片进行简易点缀外，就只有梁枋构件上精致的木雕图样。檐下主梁上雕刻有“万氏八龙”的人物故事图案，以此记载书院的文化历史（图 9–21–2）。

讲堂后一进的万氏家史堂体量较讲堂略小，同为三开间硬山顶建筑，抬梁式结构，现作为展览影视厅使用。北轴线上的万氏故居为五开间硬山顶建筑，有前廊，作为祭祀建筑用来祭祀学派宗师。

图 9–21–1　讲堂正立面

图 9–21–2　讲堂细部

书院内庭院普遍面积较小，具有书院的内敛与私密性。植物的选择也极具文人气质，以竹、桂、芭蕉为主。讲堂前庭院两侧植大片竹林，留中间石块铺装作为游道，简洁幽静。讲堂与后一进的万氏家史堂以一间狭窄的天井相连接，便于形成“拔风效应”，增强通风效果。庭院内布局简洁明了，仅有两块石碑和低矮的竹丛，屋檐之间可见周边层叠的山墙（图 9–21–3）。

图 9–21–3　讲堂后天井

白云庄西边后院为万氏家族墓群，遍植高大林木，体现出宁静肃穆的氛围。墓群面积占白云庄总面积近半。

书院东边的园林（图 9–21–4）将轻松娱乐的休闲氛围与严肃认真的学

图 9–21–4　园林

术氛围相结合。较为规整的灌木呈现方形的围合之势，体现出书院的礼制秩序；而角落点缀的假山又灵动自然，给人闲适之感。

第二十二节　襄城紫云书院

紫云书院位于河南省许昌市襄城县城西南十公里处的紫云山中。明成化三年（1467），丁忧归里的浙江按察使李敏在此建屋数楹，积书千卷，读书讲学于其中。不久，士子云集，致屋舍不能容，故拓建其舍为书院。励诸生以“学者知修身以读书为要，明道以为学为先。同兴礼让之风，共享文明之治”。明成化十五年（1479），赐名紫云书院。生徒达数百人，乃扩建殿宇堂斋，如文庙形制。后经多次修葺，到最盛时期有朱贤堂、广业堂、宣圣堂、崇德堂、明伦堂、辞君亭、望月亭、名士碑林、大成殿等建筑，现仅存门楼、大成殿、东西配殿、左右厢房等。1981 年被列为省级重点文物保护单位。

书院选址清幽偏僻，远离城市，人烟稀少，周围山水优美，竹林茂密，碧水潋滟，确实是静心读书的绝佳之处（图 9–22–1）。

现存建筑主体院落较小，占地仅约 600 平方米，一进院落。大门（图 9–22–2）仅为一面墙上开门，小青瓦顶。大成殿居中，大成殿东部紧靠宣圣堂，西部紧靠广业堂，三座殿堂并排成一行，坐北朝南（图 9–22–3）。东厢房为崇德堂，西厢房为诸贤堂。建筑皆为硬山顶，具有河南地域风格。斗拱一斗三升，刻为龙头形，青砖墙，小青瓦屋顶，整体风格十分简朴（图 9–22–4）。

图 9-22-1 紫云书院环境

图 9-22-2 书院大门

图 9-22-3 庭院

图 9-22-4 主殿前廊

第二十三节　茶陵洣江书院

茶陵古代人文荟萃，自古就重视教育，是文教发达之地。小小一个县，古代有记载的书院就有 30 多座，因为重视教育，古代这里出的人才不少，进士都有几十个。中国文学史上著名的“茶陵诗派”就出在这里。但是后来由于战争的原因和开发建设中没有注意对古建筑的保护，几十座传统书院毁得一座都没有了。2016 年开始恢复洣江书院的设计任务。

经查证，洣江书院是古代茶陵几十座书院中规模最大最重要的一座，位置就在今天茶陵县一中的校园内。令人欣慰的是它的原址还在，保留着一块空地。茶陵县政府和茶陵一中对此项目都非常重视，要求以高规格高标准来复建这座传统书院。

经过历史资料搜集和现场考察测绘，对照清朝嘉庆年间《茶陵县志》中保存下来的洣江书院图（图 9-23-1）来看，在现有场地上，志书图中的主要建筑基本上都可以在原址上恢复。因此主体建筑的布局，基本上全部按照志书图的记载来规划设计。中轴线上有照壁、头门、大堂、讲堂、御书楼，东侧中部有大成殿，前部有修德斋和主敬斋。西边布置有崇道祠和山长宅。按照原来的志书图，西侧的前部有园林，但是根据现场勘察的情况已经不可能在那个位置再建造园林，于是将园林规划布置在东侧的后部。这是总体布局上唯一与原来志书图中记载所不同的地方（图 9-23-2）。

建筑造型和体量也都是根据志书图来设计的。大门外原有照壁和两侧的“礼门”“义路”两座牌楼门，由于地形的变化，已经不可能原样恢复了，只是象征性地恢复了前面的照壁（图 9-23-3）。大门（图 9-23-4）以后的建筑则基本上都是按照原来位置关系恢复重建的。最核心的建筑有三座：大

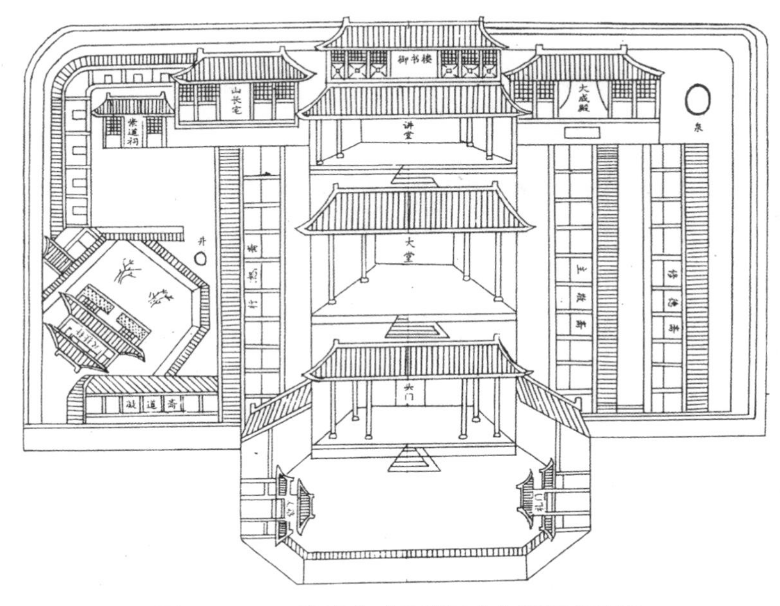

图 9-23-1　清嘉庆《茶陵县志》洣江书院图

图 9-23-2　设计的鸟瞰效果图

图 9-23-3　照壁

图 9-23-4　大门

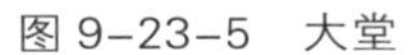

图 9-23-5　大堂

图 9-23-6　御书楼

堂、讲堂和御书楼、大成殿。大堂（图 9-23-5）一层，单檐歇山顶，处在中轴线的中端，是整个书院的核心。大堂之后是御书楼（图 9-23-6），两层，重檐歇山顶。按原来的志书图，大堂并不是讲堂，可能是举行仪式的地方。而讲堂和御书楼合为一栋，一层是讲堂，二层是御书楼。新建以后，建筑还是按照原来的布局和式样，但是功能上做了调整。把原来的大堂做了讲堂，御书楼一层二层都作藏书用了。大成殿是专门祭孔子的殿堂，在东侧轴线的中部，符合“左庙右学”的传统规制，祭祀孔子的文庙在左边，地位比书院要高。大成殿的前面是修德斋和主敬斋，两排斋舍，围合成庭院，是过去学生住宿、自修的地方。在大成殿和两排斋舍之间特别设计了一个院门，将两者分开，避免干扰（图 9-23-7）。西侧的崇道祠

图 9-23-7　大成殿与斋舍之间的院门

图 9-23-8　园林

和山长宅，是小型庭院式建筑，是书院院长（古代叫山长）居住的地方。小型的祭祀活动也在这里，崇道祠就是专门祭祀宋代理学开创者周敦颐的。

很多书院都有园林的配置，洣江书院也有。清嘉庆志书图中园林是在书院西侧的前面，因为地形的原因，这里不可能再恢复园林，于是我们设计恢复在东侧的后面，这里正好有一片绿地，还有一棵巨大的樟树。于是我们把这棵大树保留下来（图 9-23-8），游廊（图 9-23-9）、亭阁等建筑围绕着大树而建造，营造出一片宜人的休憩的环境。

考虑到这是一座新建的书院，虽然是参照传统书院，但毕竟是在新的历史条件下，采用新技术的重建，并要符合新的使用功能，我们设计是采用钢筋混凝土仿木结构形式。主体建筑，例如讲堂、御书楼、大成殿等都是室内

图 9-23-9 游廊

有天花的，看不到上部的结构，因而都采用钢筋混凝土人字屋架的结构，只是要做出中国古建筑的曲线型屋面（图 9-23-10~ 图 9-23-15）。但是门窗栏杆等能被人接近和接触的构件，则一律采用原木制作，保持真正古建筑的感觉。建成以后以及后来的使用过程中，受到了社会各界和使用单位的一致好评。

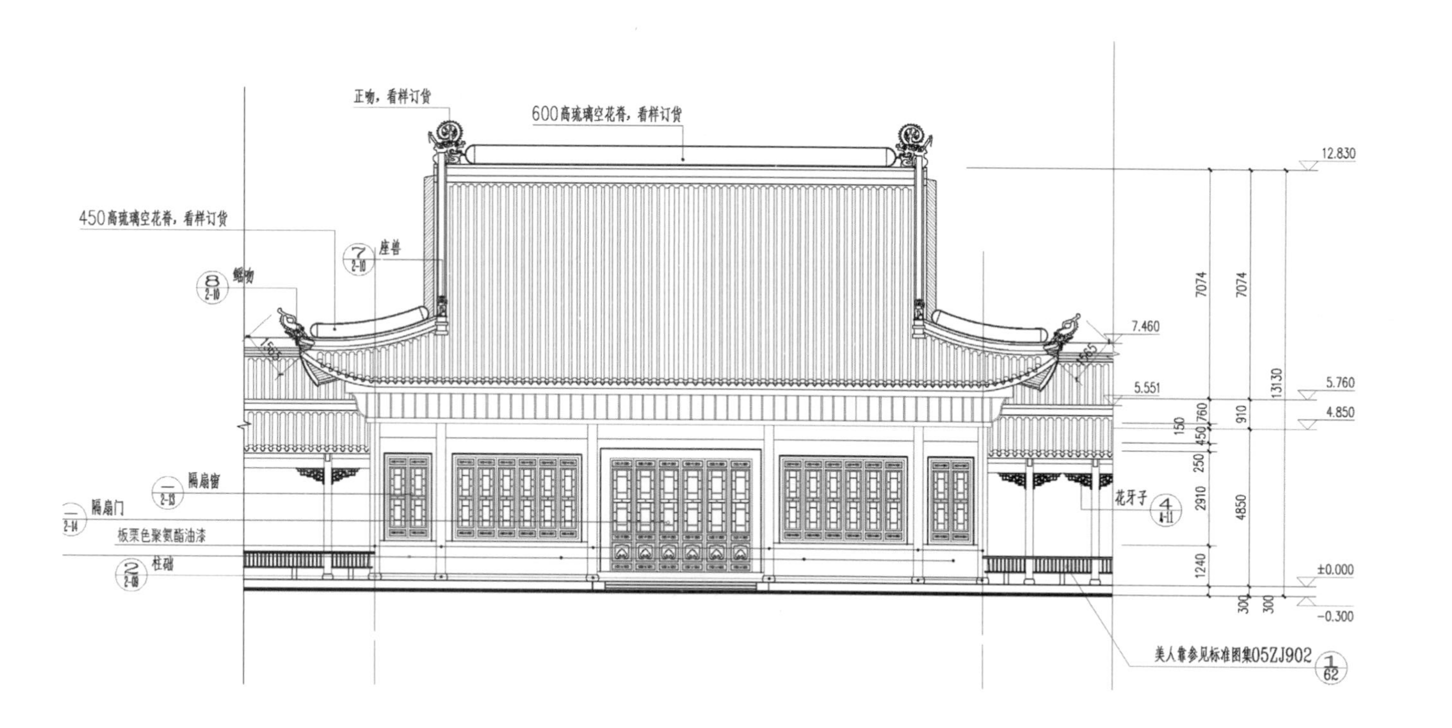

图 9-23-10　大讲堂正立面

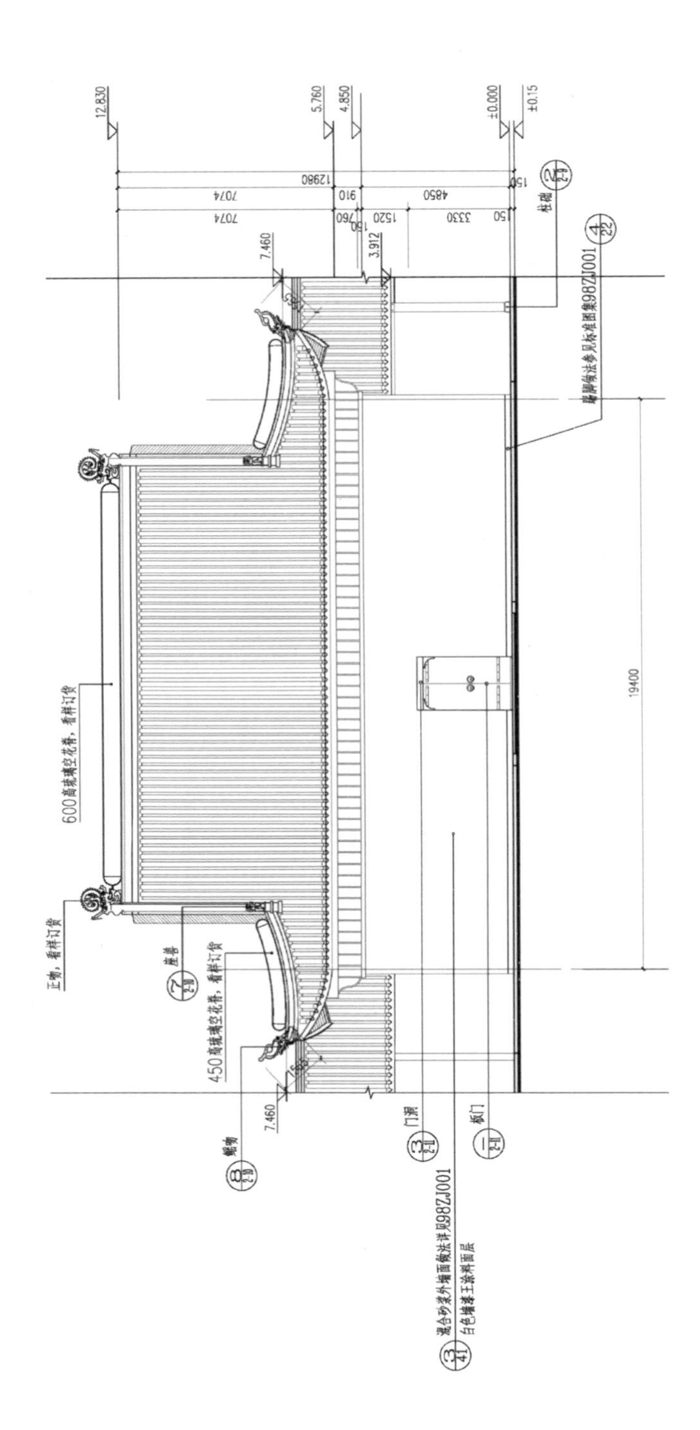

图 9-23-11 大讲堂背立面

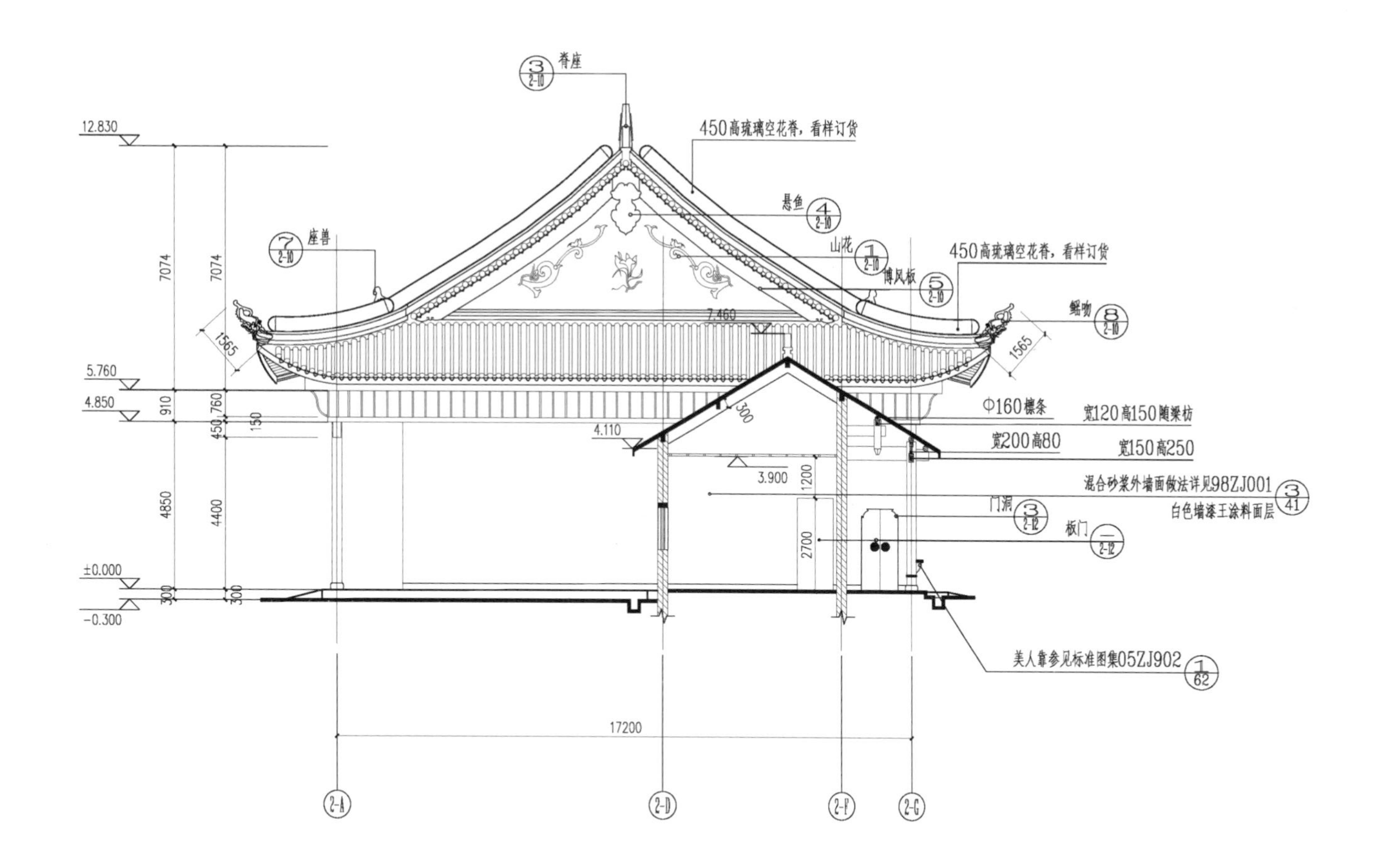

图 9-23-12　大讲堂东侧立面

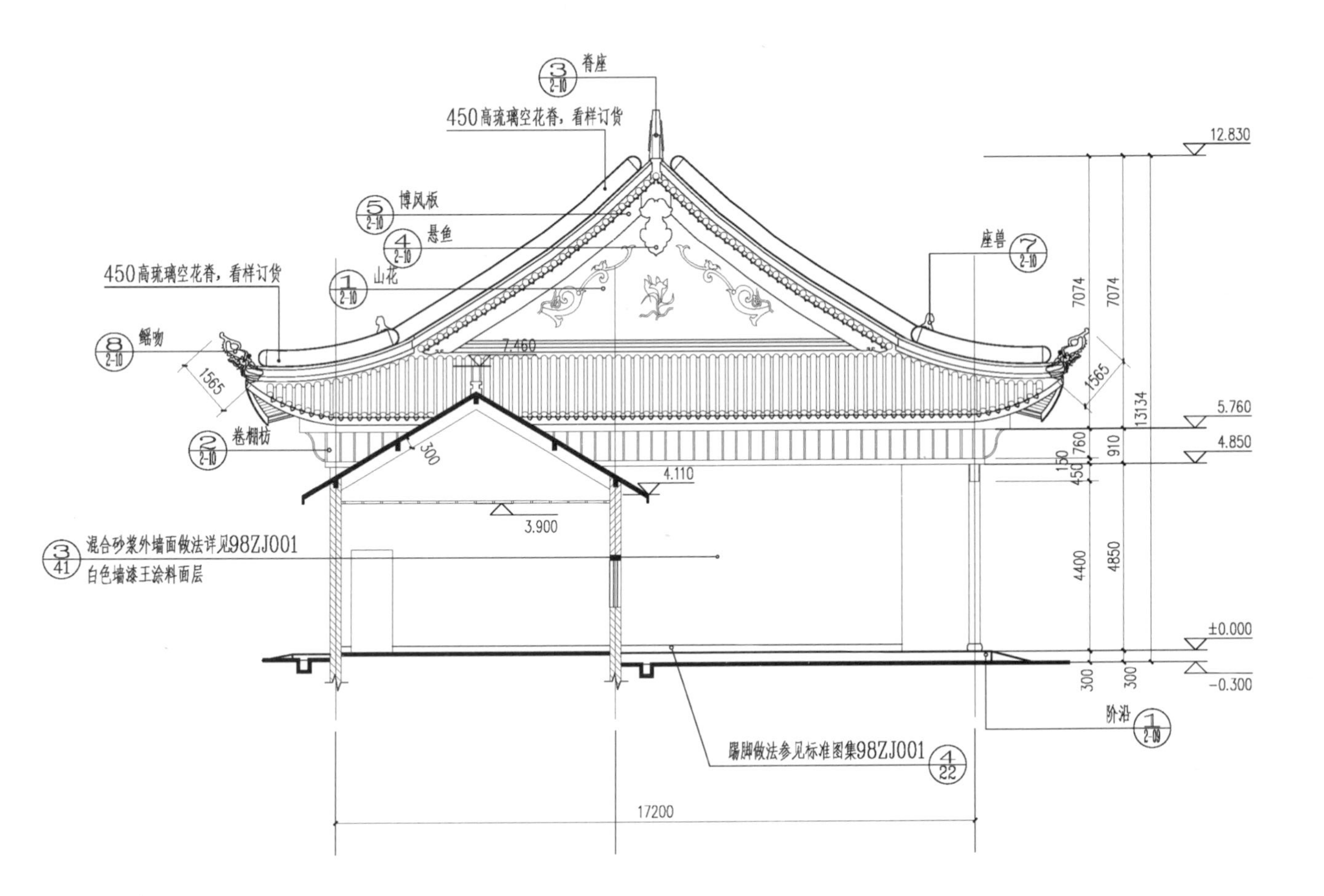

图 9-23-13　大讲堂西侧立面

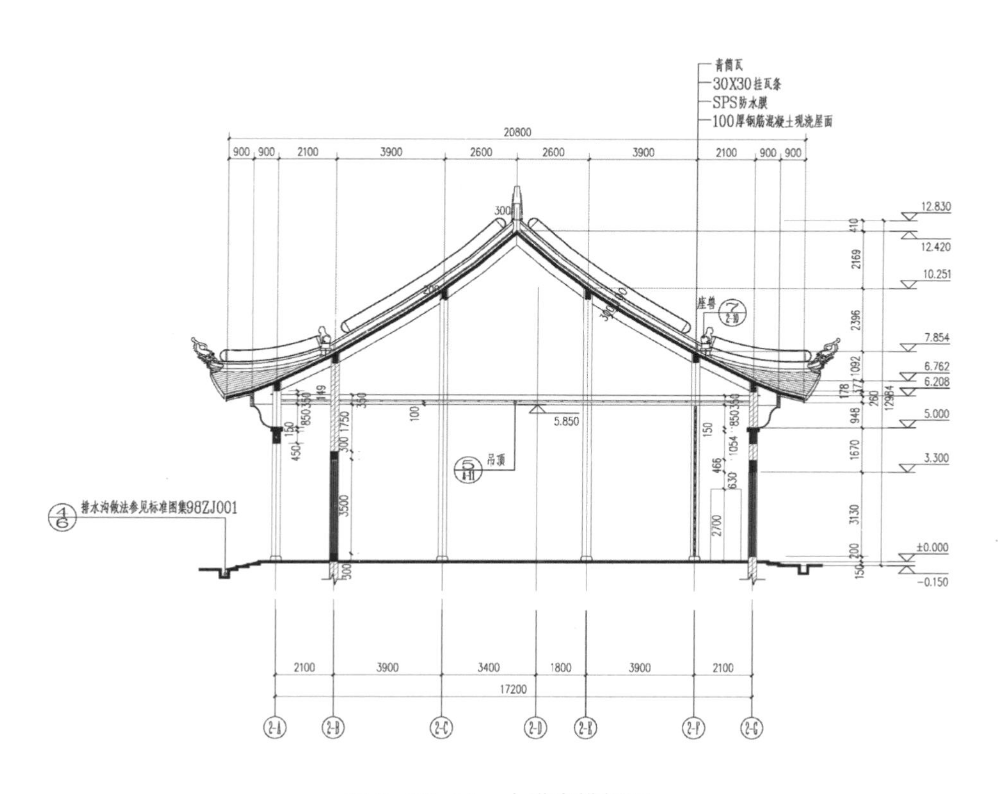

图 9-23-14 大讲堂横剖面

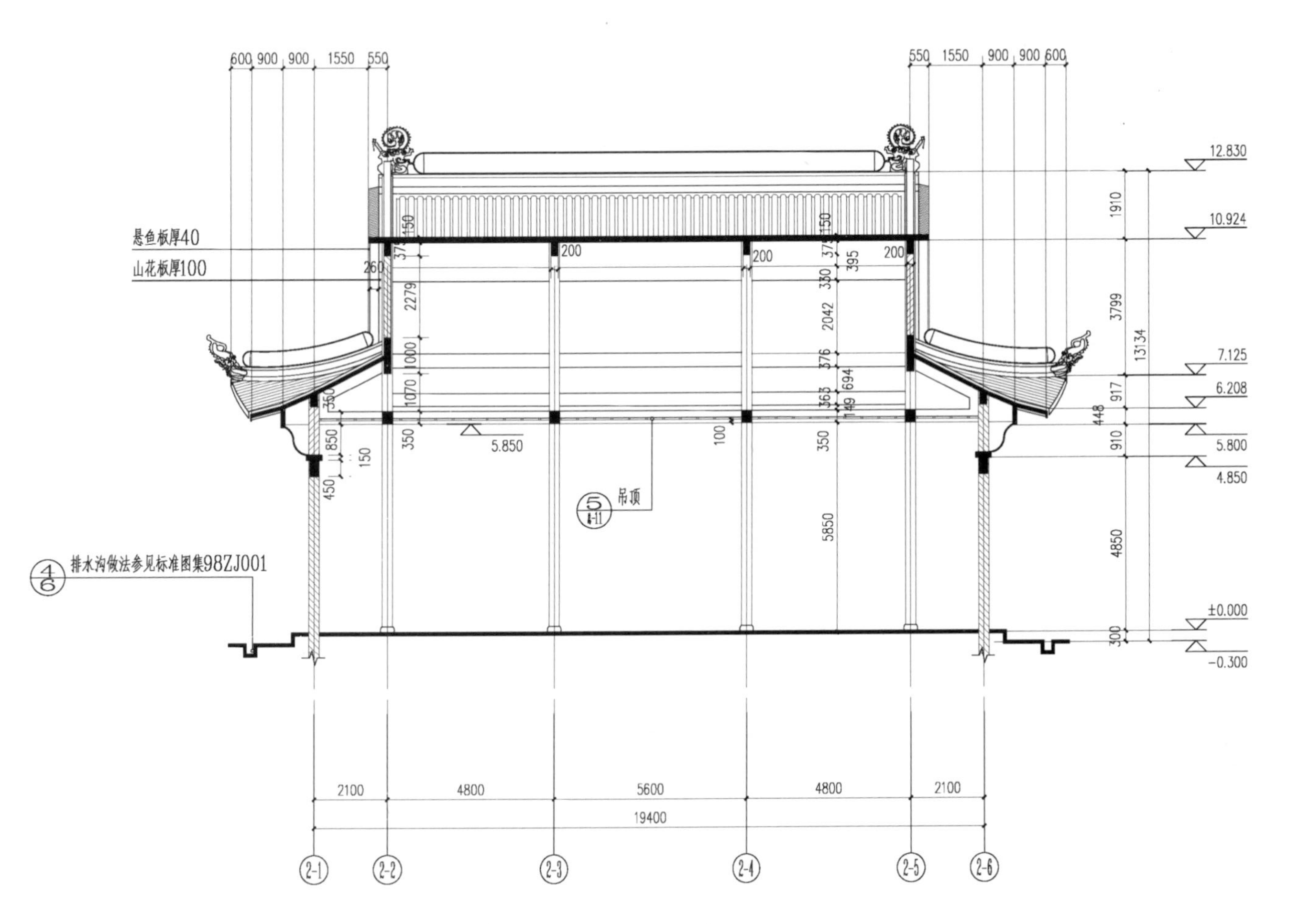

图 9-23-15　大讲堂纵剖面